# 機動の理論

勝ち目をとことん追求する柔軟な思考

木元寛明

SB Creative

## はじめに

　本書執筆の動機をひと言でいえば、わが国ではほとんど評価されていない戦術家ジョン・フレデリック・チャールズ・フラー（J.F.C.Fuller）を再発見したい、ということです。

　「戦術家フラー？」という疑問があるかもしれません。なぜならば、英陸軍退役少将のフラーがどのような人物で、何を成したのか、わが国ではほとんど知られていないからです。

　知られていない原因は、彼の業績──生涯で46冊の著書と多数の論文・記事を発表──を日本語で読める本がほとんどないからです。翻訳されている本は、『The Conduct of War 1789 - 1961』の邦訳である『フラー制限戦争指導論』（中村好寿／訳、原書房、1975年）が唯一※といえるでしょう。

　歴史が変化する潮目には必ず思想家が登場します。馬と足の軍隊が機械化軍隊へと劇的に変化しようという時代に、J.F.C.フラーが「機動戦理論」という異端の思想を掲げて登場したのです。

　20世紀は「戦争とテクノロジーの世紀」と言われ、地球規模の大戦が2度ありました。フラーが現役として活

---

※ 2009年、原書房から『フラー制限戦争指導論』として復刊されている。

躍したのは第1次大戦です。英戦車軍団参謀長として新兵器タンクの訓練、戦術開発、運用、大規模作戦の立案などに全面的にかかわっています。

　フラーの業績を考えるとき、絶対に忘れてはならないのは、新兵器タンクを基幹とする**機動戦**という、時代に先駆けた理論を確立したことです。フラーの**機動戦理論**は第2次大戦で主流となり、1世紀を経た今日なお、大きな影響を与えています。

　本書では、第1章で機動戦理論の原点となった「Plan 1919」を、第2章で機動戦の教科書となった「講義録・野外要務令第Ⅲ部」を紹介し、わが国ではあまり知られていない機動戦理論の源流を訪ねます。

　第3章はフラーの理論を実戦に適用した「弟子」たちの活躍です。ドイツ国防軍のグデーリアン将軍およびロンメル将軍、ソ連赤軍のトハチェフスキー将軍が主な対象で、机上の理論が実用的な教令へと脱皮し、野戦で試される様相を概観します。

　第4章は第2次大戦後〜現代です。中東戦争におけるイスラエル国防軍（IDF：Israel Defense Forces）の機動戦思想、冷戦末期の米陸軍の対ソ戦を想定したエアランドバトル・ドクトリンなどを取り上げます。今日では、機動戦理論は米海兵隊の戦闘原理（philosophy）にまで昇華しています。第5章は、フラーが確立した**戦いの原則**です。フラーには「戦いの原則の創始者」という、もう1つの偉大な業績があります。

「戦争の真の目的は平和であって、勝利ではない。敵を殲滅し、一方的にわが意志を強制することがあってはならない」というフラーの戦争観（制限戦争）は、中世の文明的な貴族戦争をイメージさせます。

　「ルーズベルト米大統領もチャーチル英首相も戦争の仕方を知らず、第2次大戦後に平和ではなく冷戦という新たな戦争を生み出した」とフラーは痛烈に批判しています。

　フラーの戦争観は「Plan 1919」に明瞭に示されています。すなわち、**敵を暴力的手段により破壊するのではなく、神経を麻痺させて、結果として敵に降伏を強要するという考え方**です。

　第1次大戦では、連合軍もドイツ軍も正面から攻撃する突破に固執し、膨大な戦死傷者を出しながらも決定打がなく、いたずらに長期塹壕戦となったのです。これを打開する必勝策が、タンクの大量集中によるドイツ軍指揮中枢への打撃──すなわち「Plan 1919」です。

　フラーの機動戦理論は、伝統を誇る歩兵や騎兵の立場から見れば、不倶戴天の思想です。異端が排撃され、異端者が放逐されるのは宿命です。アウトサイダーだったフラーも例外ではなく、英陸軍から実質的に追放されたのです。

　第5の戦場（サイバースペース）が主戦場の1つとなった今日、「Plan 1919」の先駆的な思想があらためて注目されています。指揮の中枢を麻痺させる手段として、発

はじめに

信源を特定できないスタックスネット（Stuxnet）のようなサイバー兵器（ウイルス）の脅威が現実となっているからです。フラーのいう頭脳破壊戦（brain warfare）が、情報通信技術の驚異的な進歩で、文字通り可能になったのです。

温故知新、戦術家フラーの再発見は単なる懐古趣味ではありません。**先行き不透明なカオスの時代であるからこそ、異端者フラーを再登場させる意義がある**、とあえて強調しておきます。

2017年9月　木元寛明

### 著者プロフィール

#### 木元寛明（きもと ひろあき）

1945年、広島県生まれ。1968年、防衛大学校（12期）卒業後陸上自衛隊入隊。以降、第2戦車大隊長、第71戦車連隊長、富士学校機甲科部副部長、幹部学校主任研究開発官などを歴任して2000年に退官（陸将補）。退官後はセコム株式会社研修部で勤務。2008年以降は軍事史研究に専念。主な著書は『戦術の本質』『戦車の戦う技術』（サイエンス・アイ新書）、『自衛官が教える「戦国・幕末合戦」の正しい見方』（双葉社）、『戦術学入門』『指揮官の顔』『ある防衛大学校生の青春』『戦車隊長』『陸自教範『野外令』が教える戦場の方程式』『本当の戦車の戦い方』（光人社）。

本文デザイン・アートディレクション：近藤久博（近藤企画）
イラスト：近藤久博（近藤企画）
校正：曽根信寿

# 機動の理論
## 勝ち目をとことん追求する柔軟な思考

# CONTENTS

はじめに ……… 2

## 第1章 Plan 1919 ……… 9

- **1.1** 幻の「Plan 1919」
  敵司令部を攻撃して、指揮系統を麻痺させる ……… 10
- **1.2** J.F.C. フラーと戦車
  フラーは歩兵将校で、戦車とは無縁だった ……… 12
- **1.3** 第1次大戦終結を模索
  「Plan 1919」は戦争を終結させる切り札 ……… 14
- **1.4** 「Plan 1919」とは?
  機械化時代の到来を告げる革命的論文 ……… 16
- **1.5** D型中戦車 アイディアが先行するも、実現は困難だった ……… 18
- **1.6** 機械力の勝利
  「Plan 1919」のテストケースとなったアミアンの戦い ……… 20
- **1.7** 飛行機と戦車の協同
  アミアンの戦いに協力した第8飛行隊 ……… 22
- **1.8** 空地協同作戦 「Plan 1919」はエアランド・バトル ……… 24
- **1.9** 黎明期の戦車戦術 ①
  雄型・雌型が相互支援しながら前進する ……… 26
- **1.10** 黎明期の戦車戦術 ② 歩・戦協同が戦車戦術の基本だった ……… 28
- **1.11** 「Plan 1919」のヒント ①
  ドイツ軍のソンム付近の攻勢(1918年3月)が決め手となった ……… 30
- **1.12** 「Plan 1919」のヒント ②
  フラーはアレクサンドロス大王の戦史から着想を得た ……… 32
- **1.13** 「Plan 1919」のヒント ③
  フラーはナポレオン戦史から多く学んだ ……… 34
- **1.14** 突破の理論 フラーは突破を科学的に分析した ……… 36
- **1.15** 対戦車手段の開発 戦車を複合的手段で撃破せよ ……… 38

「Plan 1919」(大要) J.F.C. フラー(1918年5月24日初版) ……… 40

**Column ❶** ナポレオンの箴言に学ぶ ① ……… 56

## 第2章 幻の野外要務令 ……… 57

- **2.1** 幻のマニュアル ① スイスの山荘で速記者に口述した ……… 58
- **2.2** 幻のマニュアル ② 英国や米国では無視された ……… 60
- **2.3** フラーの戦争観
  戦争の真の目的は平和であり、勝利ではない ……… 62
- **2.4** フラーの時代認識
  内燃機関が軍隊の在り方を抜本的に変えた ……… 64

| 2.5 | 機動戦 ① 攻撃の3方式 (forms of attack) | 68 |
| --- | --- | --- |
| 2.6 | 機動戦 ② 指揮官はすべからく戦車に搭乗すべし | 70 |
| 2.7 | 攻防一体 攻撃と防御を一体の行動としてとらえる | 72 |
| 2.8 | 根拠地 ① 出撃拠点であり、危機時の避難地でもある | 74 |
| 2.9 | 根拠地 ② 米第1海兵師団の撤退作戦における根拠地 | 76 |
| 2.10 | 機動防御 戦車の機動力を発揮して防御する | 78 |
| 2.11 | 機械化軍隊の編成<br>攻撃と防護の2つのウイングで編成すべし | 80 |
| 2.12 | 後方業務(兵站) 後方業務の体系化には至っていない | 82 |

『Armored Warfare』(1943年、第7章の抜粋) ……… 84

Column ❷ ナポレオンの箴言に学ぶ ② ……… 106

## 第3章 実戦へ適用された機動戦理論 — 107

| 3.1 | 電撃戦の衝撃 ① ハインツ・グデーリアン将軍 | 108 |
| --- | --- | --- |
| 3.2 | 電撃戦の衝撃 ② ドイツ国防軍機甲師団の誕生 | 110 |
| 3.3 | 電撃戦の衝撃 ③ 西方戦線における「ブリッツクリーク」 | 112 |
| 3.4 | 電撃戦の衝撃 ④ J.F.C. フラーとアドルフ・ヒトラー | 114 |
| 3.5 | 砂漠の狐 砂漠戦を陣頭指揮したロンメル将軍 | 116 |
| 3.6 | 「Red Army」の衝撃 ①<br>「赤いナポレオン」と呼ばれたトハチェフスキー | 118 |
| 3.7 | 「Red Army」の衝撃 ②<br>「縦深突破理論」は伝統的な攻撃重視の理論 | 120 |
| 3.8 | 「Red Army」の衝撃 ③<br>実戦マニュアル『赤軍野外教令』(1936年版) | 122 |
| 3.9 | 「Red Army」の衝撃 ④<br>ノモンハン事件(1939年)の8月攻勢 | 124 |
| 3.10 | 「Red Army」の衝撃 ⑤<br>第2次大戦の掉尾(ちょうび)を飾る満州侵攻 | 126 |

『赤軍野外教令』(1936年版の抜粋)
『偕行社特報』(昭和12年7月、第25号) ……… 128

Column ❸ ナポレオンの箴言に学ぶ ③ ……… 138

## 第4章 現代に生きる機動戦理論 — 139

| 4.1 | 機動戦理論の継承 フラーの理論は現代も生きている | 140 |
| --- | --- | --- |
| 4.2 | イスラエル国防軍(IDF) ①<br>負けることが許されない宿命の国家 | 142 |

# CONTENTS

- **4.3** イスラエル国防軍（IDF）②
  戦術は戦車部隊の機動戦による電撃戦 ……… 144
- **4.4** イスラエル国防軍（IDF）③
  対戦車誘導ミサイル「サガー」の衝撃 ……… 146
- **4.5** イスラエル国防軍（IDF）④
  形式にとらわれない柔軟な思考と陣頭指揮 ……… 148
- **4.6** 米陸軍① 陸軍の近代化を「機構」で推進 ……… 150
- **4.7** 米陸軍②
  レーガン政権は陸軍近代化を「大車輪」で進めた ……… 152
- **4.8** 米陸軍③ エアランド・バトル構想策定の経緯 ……… 154
- **4.9** 米陸軍④
  「砂漠の嵐作戦」は機動戦理論の1つの到達点 ……… 156
- **4.10** 米陸軍⑤ ストライカー旅団戦闘チーム（SBCT）の創設 ……… 158
- **4.11** 米陸軍⑥ 21世紀型に対応した機動戦の模索 ……… 160
- **4.12** 米海兵隊① 戦闘原理へと昇華した機動戦 ……… 162
- **4.13** 米海兵隊② リアリズムに徹した戦闘の概念 ……… 164

  Column ❹ ナポレオンの箴言に学ぶ④ ……… 166

## 第5章「戦いの原則」の創始者 ……… 167

- **5.1** ナポレオンの戦いを分析したフラー
  「戦いの原則」制定の経緯① ……… 168
- **5.2** 『野外要務令』に採用された8原則
  「戦いの原則」制定の経緯② ……… 170
- **5.3** 現代に受け継がれる9個の戦いの原則
  「戦いの原則」制定の経緯③ ……… 172
- **5.4** 「学究肌」の軍人だったフラー
  「戦いの原則」制定の経緯④ ……… 174

戦いの原則　フラー自身による背景説明 ……… 176

  Column ❺ ナポレオンの箴言に学ぶ⑤ ……… 188

参考文献 ……… 189
索　引 ……… 190

PRINCIPLE

# 第1章

# Plan 1919

Plan 1919は軍事史上、最も高名な不発の計画である。そして、それは間違いなく最高の賞賛が得られ、また、それにふさわしい価値がある。

Brian Holden Reid/著
『Military Thinker』

PRINCIPLE

# 1.1 幻の「Plan 1919」

## 敵司令部を攻撃して、指揮系統を麻痺させる

　第1次大戦末期、膠着した西部戦線を打開する戦争終結の切り札として構想されたのが、**「Plan 1919」**です。立案したのは**英戦車軍団参謀長J.F.C.フラー中佐**です。しかし、1918年11月に西部戦線の戦いが終わり、本計画は陽の目を見ることなく廃棄されました（「Plan 1919」の大要は本章末尾を参照）。

> 「提案した方法は、高速戦車で編成する戦車大隊を一気に投入することだ。戦車の大群が敵各級司令部に不意急襲的に殺到して、敵司令部を解体するかまたは四散させる。同時に、使用可能なあらゆる爆撃機で敵補給基地および交通センターを集中攻撃する。これらの作戦が成功してはじめて敵第一線部隊を通常の方法で攻撃する機が熟し、直接突破に訴え、最終的に追撃に移行する」
>
> 　　　　　　　J.F.C.フラー/著『The Conduct of War 1789-1951』

　「Plan 1919」は、150〜160kmの作戦正面のうち80kmを攻撃正面と想定し、**約5,000両の戦車を投入する**という壮大な構想です。中核となる**D型中戦車およそ2,000両を1919年5月までに整備する**という野心的な計画です。

　大風呂敷もここに極まる、と拍手喝采したくなります。単なるアイディアならば法螺吹きにすぎませんが、正規の手続きを経て（**2.3**参照）、実現に向かってスタートしたのです。

　「Plan 1919」の原題は**「決定的攻撃目標としての戦略的麻痺化」**です。つまり、物理的破壊ではなく神経的麻痺により敵の指揮系統を分断して、敵に降伏を強要するというものです。

# 第1章 Plan1919

## ■ 所要戦車数の算定

> **前提**：作戦正面150〜160km、攻撃正面80km、装甲輸送車は含まない。

| 部　　隊 | 算定数値の根拠 | 任　　務 | 車　種 | 数量 | 合計 |
|---|---|---|---|---|---|
| 突破部隊 | 重戦車は助攻部隊として敵防御陣地を攻撃し、主攻部隊として翼側から攻撃する部隊および包囲に任ずる部隊を支援する | 第1梯隊 | 重戦車 | 880両 | 2,592両 |
| | | 第2梯隊 | | 880両 | |
| | | 第3梯隊 | | 587両 | |
| | | 予備隊 | | 245両 | |
| | | 翼側攻撃 | D型中戦車 | 130両 | 390両 |
| | | 包囲部隊 | D型中戦車 | 260両 | |
| 指揮系統破壊部隊 | 塹壕地帯の後方に所在する敵の各種司令部の破壊に任ずる部隊 | 4個軍司令部 | D型中戦車 | 80両 | 790両 |
| | | 16個軍団司令部 | | 320両 | |
| | | 70個師団司令部 | | 350両 | |
| | | 2個軍集団司令部 | | 40両 | |
| 追撃部隊 | あらゆる中戦車で構成する部隊 | 追撃 | D型中戦車 | 820両 | 1,220両 |
| | | | C型中戦車 | 400両 | |

**戦車の総計　4,992両**

| 所要部隊数 | 重戦車大隊 | 54個重戦車大隊 | 2,592両の重戦車 |
|---|---|---|---|
| | 中戦車大隊 | 36個中戦車大隊 | 2,400両の中戦車 |
| | 戦車旅団（換算） | 18個重戦車大隊 | 総計　4,992両 |
| | | 12個重戦車大隊 | |

| 補充兵員数（概略） | 重戦車 | 重戦車1両20人 | 2,592両の重戦車 | 51,840人 |
|---|---|---|---|---|
| | 中戦車 | 中戦車1両10人 | 2,400両の中戦車 | 24,000人 |
| | 管理・補給等 | | | 14,460人 |

**総計　90,300人の将校及び下士官・兵**

| 各同盟国に配分される戦車大隊の数 | イギリス | 27個重戦車大隊、9個中戦車大隊 | 54個重戦車大隊 |
|---|---|---|---|
| | フランス | 13個重戦車大隊、13個中戦車大隊 | 36個中戦車大隊 |
| | アメリカ | 14個重戦車大隊、14個中戦車大隊 | |

この表は、「Plan 1919」の付録として文章で記述されている内容を、筆者がまとめたもの

## PRINCIPLE 1.2 J.F.C. フラーと戦車

### フラーは歩兵将校で、戦車とは無縁だった

　J.F.C.フラーはタンク誕生の黎明期には戦車とは無縁でした。第1次大戦間に戦車軍団参謀として戦車部隊の教育訓練、戦車戦術の開発、カンブレーの戦い（**1.1**参照）など主要な作戦計画の立案・指導に深く関与し、**戦車運用の第一人者**となりました。フラーがその英知を結集して練り上げたのが「Plan 1919」です。

　第1次大戦が終了した翌1919年11月、フラーは『Tanks in the Great War』という大著を刊行しています。その最終章「戦車の将来に対する展望」に、不発だった「Plan 1919」をイメージさせるシーンが、戦場を1923年に仮定して描写されています。

> 「戦車艦隊は濃い煙幕あるいは夜陰にまぎれて前進を開始する。目標は敵防御部隊の主力ではなく、その頭脳だ。攻撃目標は敵の歩兵や砲兵ではない。防御陣地や緊要地形でもない。戦車の大群はドイツ軍の頭脳である各級司令部に向かって殺到する。戦車の群は司令部の施設を襲い、撃破し、あるいは司令部を蹴散らす。かくしてドイツ軍の頭脳は麻痺する。その後、ドイツ軍防御部隊主力に対して攻撃を敢行する」

　フラーは研究者タイプの軍人で、青年将校のころから戦争を科学的に観察・分析し、戦史、特にナポレオン戦争を研究して、1912年に6項目の「**戦いの原則**」※を確定しています。

　その後、第1次大戦の教訓を加味して、1916年に2項目を追加しました。「Plan 1919」にもその成果が入っています。

※「戦いの原則」については、第5章を参照。

## ■ John Frederic Charles Fuller
### （1878〜1966年）

写真：Imperial War Museums

> フラーは、1897年の士官学校入校から、1933年に退役するまでの36年間を現役軍人として過ごし、退役後は軍事史、軍事評論、軍事思想などの分野で幅広く活躍した。その生涯において、46冊の著作、膨大な数の論文・記事などを発表している。第1次大戦間に策定した「Plan 1919」は今日なお精彩を放っている。また、「戦いの原則」の生みの親であり、機動戦理論の創始者でもある。

# 1.3 第1次大戦終結を模索

## 「Plan 1919」は戦争を終結させる切り札

　第1次大戦が大規模な塹壕戦となり、戦線が膠着したのは周知のとおりです。戦場の支配者は**小銃・機関銃弾**、**円匙（スコップ）**、**鉄条網**の3点セットです。

　砲兵の大火力を集中しても、この3点セットによる塹壕を破壊できませんでした。この膠着した塹壕戦を打開する新兵器がタンクであり、その運用構想が「Plan 1919」です。

　「Plan 1919」は、**英軍参謀総長および連合軍最高司令官フォッシュ元帥の承認を得て具体化へと始動**しましたが、1918年11月に西部戦線の戦いが終わり、計画は実行に移されることなくボツとなり、文字どおり幻の計画となったのです。

　「Plan 1919」は一朝一夕に成ったのではありません。フラーは計画策定に至る経緯を次のように簡潔に述べています。

　「1917年夏に戦車を真に生かすアイディアが芽生え、翌年3月ドイツ軍が英第5軍を突破したとき（ドイツ軍の浸透作戦：ソンム付近の攻勢。**1.11**参照）に熟成した。（中略）私はこのアイディアを1918年5月に『決定的攻撃目標としての戦略的麻痺化』と題する長文の文書に仕上げ、後に「Plan 1919」へと改題した」
　　　　　　　　　　　　『The Conduct of War 1789-1961』

　論文の核心は、**D型中戦車**のスピードと長距離行動力を発揮してドイツ軍司令部を襲い、その指揮系統を分断破壊してドイツ軍を混乱させ、その後**マークⅧ型重戦車**と歩兵の攻撃によりドイツ軍全体を撃破することです。

第1章 Plan**1919**

## ■ 大規模な塹壕戦

ドイツ軍の塹壕　　　　　　　　　　写真：Bridgeman Images/時事通信フォト

> 第1次大戦では、両軍とも延翼競争となり、塹壕はスイス国境からドーヴァー海峡まで達した。戦場では機関銃が大規模に使用され、従来の戦術——砲兵が耕し、歩兵が占領する——で塹壕地帯を突破することは困難になった。この状況を打開する運動戦の新兵器としてタンクが登場した。

PRINCIPLE

## 1.4 「Plan 1919」とは？
### 機械化時代の到来を告げる革命的論文

　「Plan 1919」は作戦計画ではありません。軍隊の機械化を提唱する斬新な青写真、フラーの軍事思想を凝縮した啓蒙書、あるいは古典的戦争理論に対する革命的論文といえます。

　「Plan 1919」の幹となるのは**意識革命、D型中戦車の開発**および**戦車と飛行機が一体となった空地作戦**です。画期的ともいえる戦術（戦い方）は、ドイツ軍司令部（頭脳）を攻撃して指揮系統を分断破壊するという**頭脳麻痺戦**です。

> 「内燃機関の出現は、これまでとは異なる新しい状況に見合った戦術を要求している。第1に、飛行機という新兵器の発明だ。第2に、自動車は軍隊の管理を飛躍的に拡大し、装甲（機甲）部隊を誕生させた」
> 『Lectures on F.S.R.Ⅲ.』

> 「現在のわれわれの理論は「兵士」を殺傷することだが、新しい理論は「指揮系統」の破壊に指向すべきである。敵の将兵を混乱状態に陥れたあとではなく、敵部隊を攻撃する以前にその指揮系統を破壊する、そうすれば、攻撃したときにはすでに敵部隊は混乱状態となっているだろう。このことは「奇襲の原則」の最高度の発揮、すなわち敵にとっては対応の余地がまったくない想定外の行動となろう」
> 「Plan 1919」

　「Plan 1919」の主役は戦車と飛行機です。戦車と飛行機という組み合わせは後にドイツ軍の**電撃戦**として花開き、フラーの理論は幻の教範『Lectures on F.S.R.Ⅲ』として結実し、さらに

ソビエト社会主義共和国連邦（以下、ソ連）軍『赤軍野外教令』へと進化します。

### ▶ フラーは正当な評価を受けていない

1987年にフラーの評伝を上梓したB.H.レイドは「Plan 1919」を「軍事史上、最も高名な不発の計画である。そして、それは間違いなく最高の賞賛が得られ、また、それにふさわしい価値がある」と絶賛しています。

フラーが立案した「Plan 1919」は、文学的ともいえるロマンチックなものです。具体的にはいかなる内容が記述されているのか、残念ながら日本語で読める資料は見あたりません。

書店のコーナーに並んでいる機甲・戦車関係の著書は、いずれも「Plan 1919」に言及していますが、大半は内容を正確に紹介していない（原文を読んでいない？）ように思われます。

幸いなことに、1936年に出版されたフラーの著書『Memoirs of an Unconventional Soldier』に、1918年5月24日付「Plan 1919」の初版が収録されているので、この大要を参考までに本章の末尾に掲載します。

機関銃と鉄条網が歩兵の突撃を拒み、この状況を打開する新兵器としてタンクが誕生した

写真：Avalan/時事通信フォト

# 1.5 D型中戦車

## アイディアが先行するも、実現は困難だった

　ドイツ軍主力部隊が防御する陣地、すなわち何線にも構築された塹壕地帯の後方に所在する各級司令部（主要目標）の破壊に任ずるのが**D型中戦車**です。フラーはD型中戦車の性能諸元の期待値を次のように設定しています。

> 1. 最高速度毎時20マイル
>    （約32km/h）
> 2. 航続距離150〜200マイル
>    （約240〜320km）
> 3. 超壕能力13〜14フィート
>    （約3.9〜4.2m）
> 4. 重量は一般的な道路、河川・運河の橋梁が通過可能

　計画に着手した当時、すなわち1918年3月ごろ、D型中戦車はアイディアの段階です。文字どおり「Plan 1919」の骨幹となり、その成否を左右する戦車ですが、その生産および配備は可能だったのでしょうか？

　現実は、第1次大戦終了時にモックアップ（実物大の木製模型）の段階です。戦後に10両発注され、7両が完成しました。1号車が1919年中期、7号車は1920年です。

　完成したD型中戦車は、最高速度毎時20マイル（約32km/h）を超え、若干の水陸両用性を備え

ていましたが、サスペンション（懸架装置）に欠陥がありました。
　車長が操縦手を兼ねるという設計者の構想も非現実的で、当初期待した57mm砲も搭載できず、機関銃のみの装備に終わり、全体としては失敗作です。
　とはいえ、D型中戦車はこれらの諸問題点を克服して、後に**ヴィッカース中戦車マークⅠへと発展し、大戦後に英陸軍の制式戦車として採用**されます。

### ◼ D型中戦車
D型中戦車の期待性能は、最高速度毎時32km、航続距離240〜320km。第1次大戦終了時には木造のモックアップ（実物大の模型）の段階だった。戦後10両が発注され、7両が完成したのみ。D型中戦車は失敗作だったが、後にこれがベースとなり、ヴィッカース中戦車マークⅠへと発展した

写真：Imperial War Museums

# 1.6 機械力の勝利

## 「Plan 1919」のテストケースとなったアミアンの戦い

1918年8月8日、パリの北100kmのアミアンで、英国戦車軍団462両の戦車が英空軍第8飛行隊の戦闘機18機と協力して、英第4軍(3個軍団)を先導し、ドイツ軍に襲い掛かりました。「太陽が戦場に沈むころには、ドイツ軍は開戦以来最大の敗北を喫した」とドイツ軍公式記録が認めるように、**英軍は1日でドイツ軍陣地の縦深を12km突破**したのです。

> (ドイツ軍の敗北は)食うか食われるかの激戦のあとの退却ではなく、初めから戦闘することなしに総崩れとなったのだ ── これはまさに想定外の出来事だった。戦車なくしてはこのような奇襲は成功しなかっただろうし、このような戦車の奇襲攻撃こそがパニックを暴発させたのだ。
>
> 『The Conduct of War 1789-1961』

ドイツ軍歩兵は、自分たちの小銃弾あるいは機関銃弾で阻止できない相手に直面したとき、茫然自失し、これが本能的に危険を誇張させ、降伏や逃亡を助長したのです。戦車は物理的兵器というより、むしろ心理的兵器だったのです。

アミアンの戦いがカンブレーまでの戦いと違うのは、**A型中戦車(ホイペット)が初めて戦闘に参加し、また英空軍第8飛行隊の戦闘機18機が戦車軍団に配属された**ことです。

フラーはこの年の5月に「決定的攻撃目標としての戦略的麻痺化」と題する論文(「Plan 1919」の原題)を完成したばかりで、アミアンの戦いはそのテストケースでした。

## アミアンの戦い（1918年8月）

「機械力の人力に対する勝利」

「石油の筋肉に対する勝利」

―― 英第4軍司令官 サー・ヘンリー・ローリンソン将軍

■ アミアンの戦いに参加したA型中戦車（ホイペット）

写真：Imperial War Museums

■ 同じくマークⅠ重戦車（雄型）　　写真：Bridgeman Images／時事通信フォト

# 1.7 飛行機と戦車の協同

## アミアンの戦いに協力した第8飛行隊

> 「何はともあれ重要なことは、第8飛行隊（No.8 Squadron）と戦車部隊（第1、第3、第5戦車旅団）が、相互に信頼できる強固な戦友意識で結ばれることだ。このことは、戦車部隊の将校を飛行隊に配属して飛行機に搭乗させ、同様にパイロットや偵察員を戦車に搭乗させることにより、達成された」
>
> 『Tanks in the Great War』

上空の飛行機と地上の戦車が密接に協力するためには、相互の連絡・通信が不可欠です。アミアンの戦い以前から各種手段が試行され、アミアンの戦いでは次のような手段が講じられました。

---

1. 発煙筒および発光による信号通信
2. 無線通信
3. 視号通信：飛行機の胴体から円盤状のディスクを揺らす
4. 飛行機から行動中の戦車へメッセージを投下する

---

飛行機は偵察が主任務ですが、戦車との**連絡・通信**、ドイツ軍戦車への**爆弾投下**、ドイツ軍部隊への**機関銃射撃**などによる戦闘協力も行いました。逆に、着陸した友軍飛行機へのドイツ軍歩兵の攻撃を戦車で防護する、といったことも行われました。

地上戦では、ドイツ軍砲兵により多数の戦車が撃破され、第8飛行隊の教訓として、**対砲兵爆撃**が課題として浮上しました。

菱形のマーク型重戦車は塹壕攻撃用戦車で、敵の小銃弾・機

関銃弾に耐え、搭載火器で塹壕内の敵歩兵を射撃することが目的でしたが、マーク型重戦車が塹壕を突破して敵陣内深く侵入したとき、敵砲兵の直接照準射撃により破壊されたのです。

□ **ソッピース・キャメル**

第1次大戦当時の英空軍（RAF：Royal Air Force）主力戦闘機。1917年初飛行で、約5,500機が生産された
写真：米空軍

□ **砲兵（ドイツ軍）対戦車（英軍）**

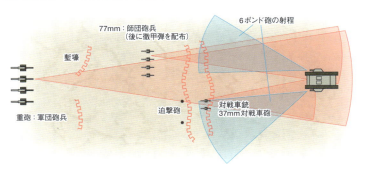

マーク型重戦車の装甲板は、火砲の直撃弾により完全に破壊された。最高速度6km/h前後とスピードが遅く、図体も大きなマーク型重戦車は、敵砲兵の射程外で行動するのが原則。敵砲兵に対しては、砲兵の対砲兵戦または飛行機による爆撃が対抗手段だった。ただし、高速戦車が使用できれば、砲兵陣地を迂回して、その側方や後方から攻撃できる
出典：『ATLAS of TANK WARFARE』

# 1.8 空地協同作戦

## 「Plan 1919」はエアランド・バトル

　西部戦線のドイツ軍第一線から平均18マイル（約30km）後方に9個軍司令部が存在し、軍団・師団司令部は、より第一線近くにあります。また、軍司令部の後方45マイル（約70km）に3個軍集団司令部が、100マイル（約160km）後方に西部方面総司令部があります。

　これらの各級司令部を攻撃するためには、塹壕と鉄条網で入念に構築された障害を克服しなければならず、さまざまな障害は各種の火器で防護されています。

　つまり塹壕に囲まれた陣地は、指揮機能を防護する盾のようなものです。これを突破または回避するためには、2つのタイプの兵器、すなわち飛行機と戦車が最適です。

　フラーは、**飛行機と戦車はかつての騎兵と歩兵の関係に匹敵**するとの認識で、**空軍の役割**を次のように規定しています。

---

1. 戦車部隊の前衛として行動する
2. 指揮系統の分断破壊に任ずる戦車部隊を支援する
3. 戦車部隊を攻撃目標に誘導する
4. 敵の砲兵火力から戦車部隊を防護する
5. 先遣戦車大隊に対して燃料、弾薬を補給する
6. 作戦根拠地と戦車大隊間の連絡に任ずる
7. 戦車旅団長を飛行機に搭乗させ、上空からの戦況の把握、予備の戦車部隊の運用を容易にする

---

　**戦車部隊の空中指揮**という斬新なアイディアが目を引きます。

現在の陸上自衛隊戦車部隊でも空中指揮は困難というのが実体です。筆者も戦車大隊長・連隊長を経験しましたが、空中指揮の機会はありませんでした。100年前のフラーの卓見に脱帽！

### ■「Plan 1919」のイメージ

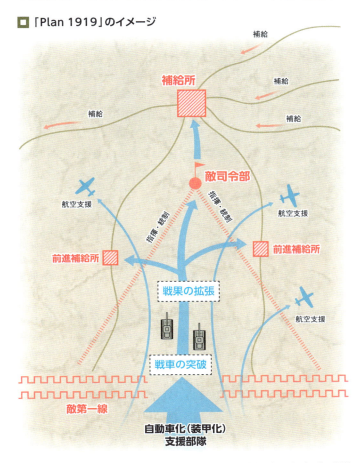

高速戦車を大量に投入し、空地が一体となって敵の司令部および補給中枢を撃破、敵の指揮系統を麻痺させる、エアランド・バトルである

出典：『ATLAS of TANK WARFARE』

## 1.9 黎明期の戦車戦術 ①
### 雄型・雌型が相互支援しながら前進する

　西部戦線が膠着した最大の要因は、鉄条網と塹壕内に構築された歩兵の射撃陣地（機関銃座、小銃の射撃位置）を、砲兵火力で破壊できなかったことに尽きます。

　この状況を打開できる新兵器として登場したのがタンクです。戦車に求められたことは、張り巡らされた鉄条網を蹂躙し、戦車の両側面に搭載した火器（大砲、機関銃）で、有利な高所から塹壕内の敵歩兵を射撃する**塹壕攻撃用の戦車**でした。

　黎明期における戦車の基本戦術は、装甲で防護された戦車（雄型・雌型）が相互支援しながら敵の塹壕線へ近づき、塹壕内の敵歩兵の拠点を射撃することです。

　マークⅠ/Ⅱの**雄型**は、6ポンド艦載砲（57mm）2門、0.303（7.7mm）軽機関銃1丁を搭載し、砲弾200発、機関銃弾10,000発を積載。**雌型**は、0.303（7.7mm）水冷式重機関銃4丁、0.303（7.7mm）軽機関銃1丁を搭載し、機関銃弾12,000発を積載しています。

　**雄型・雌型は図1のようにペアで相互支援しながら前進**します。戦車という未知の新兵器が登場したわけですが、部隊の編成、戦車要員の確保、教育訓練、運用、戦術など、試行錯誤しながらゼロからのスタートでした。

　戦車を1両ずつ分散配置する、戦車の小部隊を歩兵に統合するなどの意見もありましたが、戦車信奉者たちは戦車の専門部隊を組織して独自に運用することを主張したのです。

　このようにして、1917年初頭、**図2**のような英陸軍戦車大隊が編成されました。**戦車4両の戦車班が基本単位**です。

## 図1 英軍戦車の武装構想

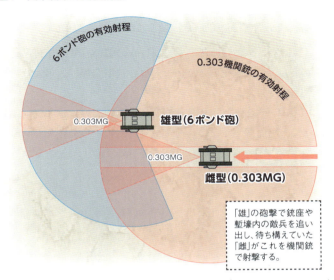

出典：『ATLAS of TANK WARFARE』

## 図2 英軍戦車大隊の編成・装備（1917年初期）

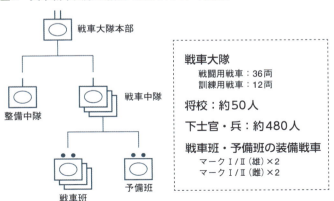

# 1.10 黎明期の戦車戦術②

**歩・戦協同が戦車戦術の基本だった**

　新兵器タンクが初陣を飾った**ソンムの戦い**（1916年9月）は、少数戦車による作戦でしたが、大量の戦車を集中運用すれば膠着状態を打開できる可能性を示唆(しさ)しました。

　**カンブレーの戦い**（1917年11月）は、砲兵の攻撃準備射撃を行わず、12時間で4線にわたる塹壕陣地の奇襲突破をねらった作戦です。8個戦車大隊が歩兵2個軍団を先導してヒンデンブルク・ラインの突破を試みました。

> 「1917年11月20日午前6時20分、英軍は無傷のドイツ軍陣地に対して攻撃を開始した。ドイツ軍はパニックとなって敗走し、英軍は午後4時までに正面幅13,000ヤード（約12km）、縦深10,000ヤード（約9km）の突破に成功した。戦闘の結果は英軍予備隊の不足によりドイツ軍に撃退されたが、戦場に装甲車両を導入することにより膠着状態から脱皮できることを確信したのである。翌1918年8月8日に戦われたアミアンの決戦が、このことを決定的に証明した」　　　　　　　　　『The Conduct of War 1789-1961』

　カンブレー戦に参加した主力戦車は378両の戦闘戦車（マークⅣ型）です。この他に補給用戦車（47両）、砲運搬車（7両）、有・無線通信戦車（10両）、後続騎兵のための鉄条網処理戦車（34両）として旧式戦車（マークⅠ〜Ⅲ型）が参加。したがってカンブレーの戦いに参加した戦車の総数は476両です。

　当時の戦車戦術は、右図のように戦車と歩兵が緊密に協同して塹壕陣地を突破するという考え方です。

## ■ カンブレー戦当時の歩兵・戦車の協同

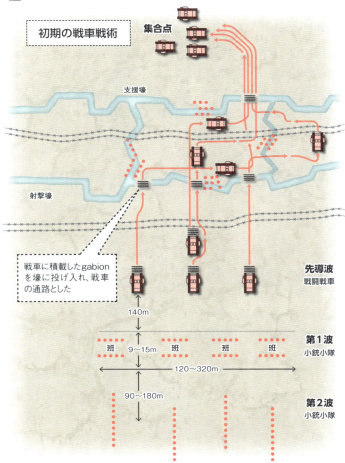

戦車戦術は精密な歩・戦協同が基本。鉄条網を蹂躙し、塹壕を超越する各先導戦車の直後を、歩兵（小銃分隊）が続行する。戦車は搭載火器（大砲、機関銃）で塹壕内の敵歩兵を射撃し、塹壕に堡（ほう）らん（木や枝で編んだ筒に土石を満たしたもの：gabion）を投げ込んで、その上を通過する。歩兵はすかさず塹壕に飛び込んで敵残兵を掃討する

参考：『ATLAS of TANK WARFARE』

## PRINCIPLE 1.11 「Plan 1919」のヒント①

### ドイツ軍のソンム付近の攻勢(1918年3月)が決め手となった

　1918年3月、西部戦線でドイツ軍が行った浸透作戦(**ソンム付近の攻勢**)——迫撃砲と軽機関銃と手榴弾で武装した小グループの突撃——は、大戦中の最も華々しい戦闘の1つです。突撃隊は、英軍の強点を迂回し、弱点を見つけて、どこへでも侵入しました。

　突破された英軍は、司令部の指揮系統が破壊され・麻痺し、軍全体が機能不全になりました。このドイツ軍浸透作戦が直接の契機となって、戦略的麻痺化の理論(「Plan 1919」)が「発酵」したのです。

> 　英軍総崩れの中で、私はパニックに陥った司令部が数万の兵士を後退させるのを見た。私は軍司令部、軍団司令部、師団司令部、最後に旅団司令部が次々と退却するのを目撃した。私は意志と行動の間に密接な関係があることを知った。すなわち、意志のない行動は共同を失い、指揮頭脳が欠けた軍隊は単なる群衆にすぎなくなるということだ。　『The Conduct of War 1789-1961』

　ドイツ軍のソンム付近における英第5軍に対する攻勢は、最終的には、戦果拡張の決定力を欠いて頓挫しました。現場でこれを目撃したフラーは、歩兵直協の重戦車ではなく、**スピードがあり航続距離の長い高速戦車こそが指揮機能破壊・麻痺作戦に最適**であることを確信したのです。かくして、突破成功の切り札としてD型中戦車案が浮上します。

　その5カ月後、「**暗黒の日**」とドイツ軍をパニックにした**アミ**

アンの戦い（**1.6**、**1.7**参照）で、開戦初日に12km突破するという大戦果を挙げましたが、戦果拡張の段階で乗馬騎兵は決定力とならず、結果として攻撃は失敗でした。

## ■「Plan 1919」への道程

| 基本的姿勢 | 使 用 戦 車 | 戦 術 |
|---|---|---|
| **ソンムの戦い**<br>1916年9月 | ● 戦車の初陣<br>● 49両のうち32両が戦闘参加<br>● マークⅠ型重戦車 | 特定の<br>戦術なし |
| **カンブレーの戦い**<br>1917年11月 | ● 戦車の大規模集中運用<br>● 正面10km、縦深9kmを突破<br>● 総計476両が戦闘参加<br>● マークⅣ型重戦車が主力 | 歩兵と戦車<br>の協同 |
| **アミアンの戦い**<br>1918年8月 | ● 「Plan 1919」のテストケース<br>● 正面20km、縦深30kmを突破<br>● 総計580両が戦闘参加<br>● マークⅤ型重戦車：<br>　　　歩兵と協力して突破<br>● A型中戦車が初参加：<br>　　　騎兵と協力して戦果拡張 | 歩兵と戦車<br>の協同<br>・<br>騎兵と戦車<br>の協同 |
| **「Plan 1919」** | ● 戦争終結を企図<br>● 攻撃正面80km<br>● 総計5,000両が戦闘参加<br>● マークⅧ型重戦車が突破<br>● D型中戦車が戦果拡張<br>● 飛行機（空軍）と緊密に協同 | 空地協同<br>（飛行機と戦車） |

# 「Plan 1919」のヒント②

## フラーはアレクサンドロス大王の戦史から着想を得た

　「Plan 1919」の革新的な理論——敵の指揮系統を破壊・麻痺して戦勝を獲得する——の着想は、単なる思いつきや偶然ではなく、フラーの**戦争に対する科学的な考察**と、**古今東西の戦史研究の積み重ね**がその背景にあります。

> 「私は、戦車を使用すれば、新しい戦術が開発できることを確信した。それは比較的小規模な戦車部隊をもってイッソス[※1]（Issus）やアルベラ[※2]（Arbela）のような戦闘ができると考えたのだ。
>
> 　それらの戦闘における戦術の秘訣は何だったのか？
>
> 　それは、ファランクス（方陣）でペルシャ軍戦闘部隊主力を拘束している間に、アレクサンドロス大王と親衛騎兵隊が敵の意志——それはダレイオス王一身に集中していた——を打撃したことだ。
>
> 　ひとたびこの意志を麻痺させると、身体は行動不全となったのである」
>
> 　　　　　　　　　　　『The Conduct of War 1789-1961』

※1　イッソスの戦い。フェニキアのイッソスにおけるアレクサンドロス大王とペルシャのダレイオス3世との戦い（紀元前333年）。アレクサンドロス大王は、右翼に35,000の主攻撃部隊を集中、残りを助攻撃部隊として左翼に配置。大王自ら主攻撃部隊を直率してペルシャ軍の中央指揮グループに突入し、100,000のダレイオス軍を壊走（かいそう）させた。

※2　アルベラの戦い。アッシリアの都アルベラ付近で、アレクサンドロス大王はダレイオス3世と再び交戦した（紀元前331年）。アレクサンドロス大王軍が右翼を下げた斜交陣形をとると、ダレイオス軍もこれにつれて左翼が前進して中央軍との間に間隙が生じた。大王はペルシャ軍の陣形の乱れを決戦のチャンスと判断、騎兵とファランクスの右翼部隊で突入部隊を編成して、ペルシャ軍の間隙から突入し、ダレイオス軍を分断した。このためペルシャ軍はパニックになって壊走した。

フラー自身が語っているように、**戦略的麻痺化**という着想には、2,000年以上前のアレクサンドロス大王の戦史にヒントがあったのです。

アレクサンドロス大王は、ペルシャ軍の撃滅ではなく、ペルシャ軍の抵抗意志を一身に象徴しているダレイオス3世を生け捕り、または殺傷すれば、ペルシャ軍の抵抗意志は潰え、戦争の目的を達成できると考えたのです。

フラーは、アレクサンドロス大王がダレイオス3世を騎兵で直接攻撃したように、高速戦車でドイツ軍指揮系統の中枢を撃破して、ドイツ軍主力部隊の崩壊と降伏をねらったのです。

### ■ イッソスの戦いで、ダレイオス3世（中央）と戦うアレクサンドロス大王（左）描いた絵画

写真：UIG／時事通信フォト

# 「Plan 1919」のヒント③

## フラーはナポレオン戦史から多く学んだ

> 「ナポレオンの戦術を研究すると、次のことを教えてくれる。ナポレオンが戦闘の第1段階でやったことは、敵第一線陣地を突破することではなく —— この場合は突破部隊が敵予備隊により撃破される可能性がある ——、敵の予備隊を近接戦闘に巻き込んで直接撃破するか、または包囲することだった。ひとたびこのことが達成されると、部隊全体の安全が確保される。その後、敵の第一線陣地を攻撃し、事後、追撃に移る。敵の組織的抵抗が崩壊してから追撃するよりも、突破口を形成した段階で、ただちに追撃する場合が多かった」 「Plan 1919」

フラーは、**ナポレオン戦術の特色**を次のように要約しています。

---
1. 攻撃の重視
2. 速度の重視による時間の節約
3. 戦略的奇襲の追求
4. 攻撃における決定的時期と場所への優勢な兵力の集中
5. 警戒防護策の案出
---

これらが「Plan 1919」の中で具体的にわかりやすく説明されています。「Plan 1919」は徹底した攻撃思想が特色です。追撃という発想は昔からありますが、追撃を体系化したのがナポレオンです。フラーは、追撃がナポレオン戦術の神髄であることを学び、**戦車の4分の1を追撃部隊に充当**しています。

**速度の重視**はナポレオン戦争の本質的かつ根本的要素です。フラーがD型中戦車の性能として徹底してこだわったのは、最高速度(毎時20マイル:約32km)と航続距離の長さ(150〜200マイル:約240〜320km)です。**奇襲**は「Plan 1919」の中心命題です。

■ **1800年5月20日にアルプス山脈を越えるナポレオンを描いた絵画**

写真:Bridgeman Images/時事通信フォト

「ナポレオンがワーテルローの戦いで1個機関銃分隊を保有していたと仮定しても、ナポレオンがあの戦いに勝っていたとはかならずしもいえない。だが、ナポレオンが1815年6月18日午前9時、ウェリントン伯爵と彼の幕僚を誘拐するかまたは殺害していたならば、1発の弾も発射することなく、ワーテルローの戦いに勝利していたであろう。英国陸軍の指揮組織は突然失われ、部隊組織が崩壊し、ナポレオンは戦場に急進してシナリオに描いたとおりの勝利を得ていたに違いない」

「Plan 1919」

PRINCIPLE

# 1.14 突破の理論
## フラーは突破を科学的に分析した

　フラーは、第1次大戦（1914〜1918年）で膨大な数の兵士が失われたのは、**突破の側面が45度の角度で内側に傾斜していることを認識していなかったから**と断じています。

　フラーは、戦闘データを総合的に分析して、突破する縦深と防御の特性に関する数学的な計算にもとづき、**図1**のような突破の理論を明らかにしました。

　敵の防御縦深（A−B）が5マイル（8km）であれば、理論的な攻撃正面（C−D）は10マイル（16km）になります。しかしながら、これは攻撃部隊がAに到達するには十分ではありません。なぜならば、**戦果拡張部隊の迅速な前方への進出に必要な間隙（敵機関銃射撃の射程外）をつくる必要がある**からです。間隙は少なくとも幅5マイル（8km）は必要です（E−F）。したがって、最終的に必要な攻撃正面は15マイル（24km）となります。

　敵の防御態勢を検討し、それらをいくつかの攻撃目標に分割して、それぞれの目標に攻撃部隊を割り当てます。そして戦果拡張に必要な部隊を決め、最終的には、これらの数字を合算して、必要な兵力数をはじき出します。

　**フラーは45度の壁を外側に拡げる切り札として戦車に注目しました。戦車は防弾構造の兵器で、敵機関銃をものともせず前進できるからです**（図2参照）。

　この突破の理論から「Plan 1919」の発想が生まれ、機動戦理論の原点となりました。突破の理論のキーワードは、**突破の側面が45度の角度で内側に傾斜している**ことです。45度の壁を破る切り札が戦車だったのです。

## 図1　フラーが提唱した突破の理論

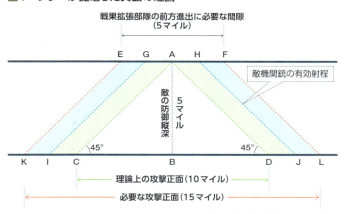

出典：J.F.C.フラー/著『Armored Warfare』

## 図2　戦車突破の理論

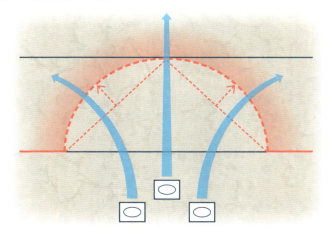

敵機関銃による45度の壁を左右に拡げるためには、上図のように膨大な正面と戦力を必要とする。戦車の攻撃により、敵機関銃の効力を無力化すれば、正面のみならず左右への突破が可能となり、敵の防御態勢を一気に崩すことができる

## PRINCIPLE 1.15 対戦車手段の開発
### 戦車を複合的手段で撃破せよ

**最良の対戦車兵器は戦車**です。第1次大戦ではこのような戦車はまだ出現していません。では、ドイツ軍は新兵器タンクの出現に手をこまねいていたのでしょうか？

奇襲は相手が対抗手段を持たない場合には完全に成功しますが、相手が何らかの対抗手段を講じると一時的な効果しかありません。ドイツ軍は、タンクとの遭遇に心理的ショックを受けましたが、ほどなく対抗手段を開発します。

初期の戦車は図体が大きく、速度も遅く（最高速度6km/h）、地形踏破能力も低く、装甲板（soft steel plate）は厚さ6〜12mmでした。とはいえ、**戦場を支配していた機関銃には有効**です。機関銃射撃が無効となったことが、ドイツ兵に心理的なショックを与え、恐怖心が募ったのです。ドイツ軍の対抗手段は次のようなものです。

---

① 自然障害の利用、対戦車壕の構築、地雷原の敷設などによって敵戦車の前進を拒止。停止した戦車を間接火砲（野砲）・直射火器（対戦車銃、対戦車砲）により射撃。
② 100mで20mmの装甲板を貫徹し、300mまで効果がある13.2mm対戦車銃の徹甲弾（K弾）を開発。また32mm対戦車砲および37mm対戦車砲を開発して戦場に投入。

---

各種手段を複合的に組み合わせる対戦車システムが新戦術として開発され、これらはやがて装甲と火力の熾烈な競争へと発展します。「Plan 1919」では対戦車という概念はありませんが、**対戦車戦闘**という新しい戦術が芽生えていました。

## 図1　歩兵vs.戦車（縦深防御）

ドイツ軍歩兵は、1917年には、障害と弾薬・地雷を組み合わせた効果的な対戦車手段を開発、さっそく戦場で応用した

出典：『ATLAS of TANK WARFARE』

## 図2　戦車と対戦車システム

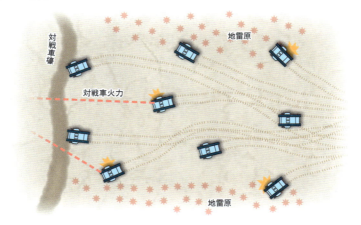

対戦車壕と地雷原で敵戦車を停止させ、これに対戦車火器を指向すると、極めて効果的な対戦車戦闘が可能となる

# 「Plan 1919」
## （大要）

J.F.C.フラー（1918年5月24日初版）

## ✳ 戦車が戦術に及ぼす影響

　戦術、すなわち戦場において軍隊を動かす術は、使用される火器およびその運搬手段により変化する。火器や運搬手段が新しくなり、または性能が向上すると、それらに対応して戦術が変化する。

　戦車の出現は、次のように戦術全般に革命をもたらす。

---

1. 筋力から機械力への変換により機動力が向上
2. 敵弾を遮断する装甲板により防護力が向上
3. 馬から機械に替わることにより火器を携行する兵士が防護され、攻撃力が向上し、また弾薬補給量の増加により火器の破壊力が掛け算的に向上。

---

　その結果、ガソリン・エンジンの軍隊は、筋力の軍隊と比べて、時間の余裕が得られ、かつ損害を軽減して、火器の威力をより一層発揮でき、動力を獲得した兵士は安定した状態で戦うことができるようになる。それはあたかも艦砲射撃を行う軍艦のようなものだ。すなわち、兵士は装甲で防護された動くプラットフォームで火器の再装塡が可能になる。

## ✳ 戦車が戦略に及ぼす影響

 戦略はこれまでは道路、河川、運河の交通路に制約されたが、戦車または装軌車両のガソリン・エンジンの路外走行力は、交通路を最小限に見積もっても戦域の75％にまで拡大する。

 今日では、補給および火器・弾薬の輸送は道路や動物の耐久力によって制約されることはなくなり、戦争の歴史に画期をもたらした。この変化の意味を至当に認識すれば、大地はあたかも海のごとく自由に動き回ることができ、勝利のチャンスはほとんど際限がないまでに拡がる。

 もし軍隊の移動が加速度的に発揮できれば、あらゆる「戦いの原則」の適用は容易となり、この結果、敵は大きな代償を払うことになるだろう。今日の道路、鉄道および筋力による移動から、自動車による移動への脱皮は、風力に依存した帆船から近代的な軍艦への移行に匹敵する。

 このような変化の結果に疑問の余地はなく、伝統墨守には敗北が待ち受け、自動車化は勝利を約束するであろう。なぜならば、自動車化は時間のむだを省き、時間こそが戦争をコントロールする要素であるからだ。

## ✳ 今日の戦車戦術理論

 今日までの戦車の戦術的運用の考え方は、既存の戦闘方式すなわち歩兵および砲兵の運用と調和させることを基本とした。

 このようなアイディアは、戦車が戦争に革命をもたらし、膠着した戦線を打開できる可能性を秘めているにもかかわらず、破綻を運命づけられている従来の方式に接ぎ木をするようなものだ。

 このことは、戦車という奇想天外なアイディア、機械の不確

実性およびその使用に関する知識の欠如が原因で、避けがたいことではあった。

知識は現実の体験を通して得られるが、最初のうちは、新しいアイディアが古い戦争システムに接ぎ木されるだけだから、これが処女体験だということに気づかない。

現実はそのとおりだが、戦車の完成度が高まり装備数が増大するにしたがって、裸の歩兵が装甲騎兵へと変化したのとはまったく異次元の兵器である戦車は、最終的には戦闘理論の抜本的な変化を求めるであろう。

急激な変化が起きているという現実があり、私たちは変化が現在進行形であるにもかかわらず、新しい兵器のパワーを最大限に発揮させる研究開発を怠っている。

T型フォード（1911年製）。20世紀のモータリゼーションの先駆けとなった名車。1908年から生産され、1913年にはベルトコンベア方式の組み立てラインで大量生産されるようになった

写真：dpa/時事通信フォト

そのパワーとは、敵の機関銃・小銃などの小火器の威力を無効にして、あらゆる方向へ迅速に移動し得る可能性だ。

このことから次のことが言える。すなわち現在の歩兵の役割は、戦車が運動できる地表面のあらゆる場所で、当面は副次的となり、やがて無用となろう。この事実だけでも現在の戦争の認識は一変し、戦術のエポックメーキングとなる。

## ✼ 戦略目的

新兵器が登場しても戦いの原則は不変で、兵器の変化は単に原則の適用に影響を及ぼすだけだ。

戦いの原則の第1番目に挙げられるのは「目的の原則」、そしてその目的とは「敵戦闘力の破壊」である。このことはいくつかの方法で達成でき、一般的には、敵野戦部隊すなわちその戦闘員を破壊することにより達成される。

ところで、兵士に戦闘力を発揮させる主体はその組織である。ゆえに、その指揮系統を破壊することができれば、結果として敵部隊の戦闘力を破壊できる。

指揮系統を破壊する方法は2つある。

> 1. 徐々に衰弱させる（いつの間にか消耗させる）という方法
> 2. 指揮系統を無効化する（組織と兵士を分断する）という方法

戦争には、敵兵士を殺害し、負傷させ、捕虜にして武装を解除するbody warfare（身体破壊戦）と、指揮系統を無効化するbrain warfare（頭脳破壊戦）がある。

兵士個人にたとえれば、軽度の負傷を与えて最終的には死に至らせるのが第1番目の方法、頭部を1発で撃ち抜くのが第2番目の方法である。

軍隊の頭脳は軍・軍団・師団司令部の幕僚機構だ。ドイツ軍戦線の広大な戦区からその頭脳を排除すれば、司令部が統制する部隊の崩壊は単に時間の問題となる。また、敵の頭脳の破壊に引き続いて敵の胃部すなわち後方の補給システムを射撃により混乱させれば、第一線部隊はやがて餓死するか霧散するであろう。

　現在の理論は有効範囲が限定された現用の火器を前提として、戦略目的を暴力によって達成してきた。それはすなわち敵の筋肉、骨および血を消耗させて弱体化することだ。

　これと同じことを戦車ですみやかに達成しようとすれば、膨大な数の戦車が必要となり、来年までに必要な数量を獲得できる見込みはほとんどない。

　いくつかの代替手段の模索が必要だが、それらの解決策を見つけ出すことは容易ではない。困難の最たるものは、新たな解決策を見出すこと自体ではなく、既存の方法の中に解決策が潜在していることに気づかないということだ。

　現在のわれわれの理論は「兵士」を殺傷することだが、新しい理論は「指揮系統」の破壊に指向すべきである。敵の将兵を混乱状態におとしいれたあとではなく、敵部隊を攻撃する以前にその指揮系統を破壊する。そうすれば、攻撃したときにはすでに敵部隊は混乱状態となっているだろう。このことは「奇襲の原則」の最高度の発揮、すなわち敵にとっては対応の余地がまったくない想定外の行動となろう。

　戦場に所在する指揮官の数は戦闘員より少なく、それゆえに、これら指揮官を抹殺することは、彼らが統制する兵士を破壊することに比べると、はるかに容易である。

　ナポレオンがワーテルローの戦いで1個機関銃分隊を保有していたと仮定しても、ナポレオンがあの戦いに勝利したとはか

英国のソッピース・アビエーションが開発し、第1次大戦中に使用された複葉戦闘機。約5,500機が生産された

写真：米空軍

ならずしもいえない。

　だが、ナポレオンが1815年6月18日午前9時、ウェリントン伯爵と彼の幕僚を誘拐するかまたは殺害していたならば、1発の弾も発射することなく、ワーテルローの戦いに勝利していたであろう。英国陸軍の指揮系統は突然失われ、部隊組織が崩壊し、ナポレオンは戦場に急進してシナリオに描いたとおりの勝利を得ていたに違いない。

　私は、暴力の使用をおとしめる意図は毛頭なく、ただ脳力を問題解決に最高度に適用することにより、暴力エネルギーの使用を節用し低下させることができる、ということが言いたいのだ。

## ✲ 提案する方法

　ドイツ軍の指揮系統を機能不全にするためには、一体何が必要だろうか？

ドイツ軍の戦線から平均18マイル（約30km）後方に9個の各級司令部（軍、軍団、師団）がある。さらに3個軍集団司令部が45マイル（約70km）後方、西部方面総司令部は100マイル（約160km）の後方にある。

これら各級司令部に殺到するためには、塹壕と鉄条網で入念に構築された障害を克服しなければならず、これらの障害は各種の投射火器で防護されている。

この塹壕陣地はあたかも指揮機能を防護する盾のようなものだが、これを突破または回避するためには、2つのタイプの兵器が必要となる。

---

1. 飛行機
2. 戦車

---

飛行機はすべての障害を克服でき、戦車はほとんどの障害を踏破できる。だが、飛行機の使用にはたいへんな困難性がある。

たとえ敵司令部の近傍に飛行機の着陸場を見つけたとしても、飛行機から降り立つ兵士は、彼らが遭遇する敵兵士以上の武装はしておらず、それはあたかも馬から下りた騎兵が歩兵と交戦するようなものだ。

戦車の使用にもいくつかの困難はあるが、それらは単に相対的なものにすぎない。現在われわれは任務遂行に満足できるだけの戦車を保有していない。であるが、それは過去19カ月間戦車の開発、設計、生産に全エネルギーを傾注してこなかったからということではない。

このような戦車のアイディアはすでに存在し、多数の優秀な人材によって真剣に考察されている。その戦車は「D型中戦車」。

諸元は次のようなものだ。

> 1. 最高速度毎時20マイル（約32km/h）で走行できる
> 2. 150〜200マイル（約240〜320km）無給油で行動できる
> 3. 13〜14フィート（約3.9〜4.2m）の塹壕・地隙が通過できる
> 4. 重量は一般的な道路、河川・運河の橋梁を通過できる程度に抑える

## ✳ D型中戦車の戦術

　D型中戦車の戦術は「機動の原則」と「奇襲の原則」を基礎とし、その戦術的な目的は、機動により奇襲を成り立たせること。それは迅速な運動よりはむしろ、敵にとって予期しない状況を作為することによってなされる。

　敵に我が行動を予期させるのではなく、むしろ敵をミスリードしなければならない。すなわち我が頭脳で敵の頭脳をコントロールすることだ。何らかの行動を起こす可能性を敵に示唆し、実際に行動を発起するときは、準備の間に示唆した行動とは正反対の行動をとるべきだ。

　過去、攻撃正面に兵士や大砲を集結すると敵も同様なことを行い、我が部隊が突破できないような強力な防御態勢により我が攻撃を頓挫させた。たとえ第一線の突破に成功しても、やがて攻撃衝力が尽きて、当初の成果を拡張することができなかった。

　カンブレー戦で、通常の攻撃を行ったが目的は達成できなかった。理由は、我が部隊が敵の組織を破壊できるだけの兵力を持っていなかったからだ。敵は第一線だけではなく後方にも部隊を配置する。我が部隊は突破口の形成には成功したが、戦勝獲得の切り札である敵予備隊を撃破できなかった。

ナポレオンの戦術を研究すると、次のことを教えてくれる。ナポレオンが戦闘の第1段階でやったことは、敵第一線陣地を突破することではなく —— この場合は突破部隊が敵予備隊により撃破される可能性がある ——、敵の予備隊を近接戦闘に巻き込んで直接撃破するか、または包囲することだった。ひとたびこのことが達成されると、部隊全体の安全が確保される。その後、第一線陣地を攻撃し、事後、追撃に移る。追撃は敵の組織的抵抗が崩壊してから実行するよりも、突破口を形成した段階でただちに行う場合が多かった。

　第3次イープル戦の前夜、敵の予備隊を引きずり出すことに成功した。それはナポレオンの理論にかなっていた。であるが、せっかく引きずり出した敵予備隊を撃破できるだけの戦車がなく、結果は失敗に帰した。

　カンブレー戦では、ドイツ軍予備隊が戦場に到着する以前に我が戦車を敵の第一線にぶつけた。それは全体に寄与しない攻撃となり、結果として、敵予備隊が組織力を維持して戦場に到着したとき、我が戦車は敵の第一線攻撃ですりつぶされており、敵予備隊を撃破できるだけの戦車はすでになく、戦術的優勢は敵側にあって、我が軍は撃退された。

　戦争における戦術的成功は、一般的に、指揮系統が健全な部隊を指揮系統が崩壊している部隊にぶつけることにより、達成される。これがナポレオンの常套手段だった。

　イープル戦では敵の指揮系統を崩壊させる手段を持たず、カンブレー戦では敵は我が方にドイツ軍予備隊を崩壊させる機会を与えなかった。

　この2つの戦いは、どちらも不確かな前提にもとづいて行われたようだ。私たちが目指すところは、次のような2つのアイデ

ィアの組み合わせである。

> 1．敵予備隊を戦場に集結させる（引きずり出す）
> 2．敵予備隊を撃破してから敵の第一線部隊を突破する

　この両者を断行することにより追撃が可能となり、追撃こそが勝利の分岐点となる。敵の予備隊をできる限り多く集結させれば、それだけ指揮系統を崩壊させる機会が増える。そしてそれが戦術的関心の最も重要なものである。

　私たちがD型中戦車と飛行機への投資を要求することに関して、これを拒む理由は100％ない。D型中戦車と飛行機により、会戦に勝利し、戦争に勝つことができるからだ。

## ✳ D型中戦車の戦闘

　およそ150kmの攻撃正面を選択し、あからさまな攻撃準備を敵に見せ、ドイツ軍4〜5個軍をこの正面に集中させる。そうすることにより、戦域を統制する軍司令部およびその指揮下の師団司令部が所在する一帯が主要な攻撃目標となろう。

　これまでは敵の第一線部隊と砲兵陣地が攻撃目標だったが、今やそれらは第二義的な目標にすぎない。攻撃目標を敵陣地地域に選択することの意義は後退し、従来の第二義的目標が攻撃目標となる。これこそが奇襲の基礎なのだ。

　ひとたび攻撃準備が成るや、敵にいかなる戦術的な予兆をも与えることなく、D型中戦車の大群は、最大速度で、昼夜の別なく、敵の司令部が所在する地帯に向かって殺到する。

　昼間にこれらの目標が見つかれば飛行機が着色煙を投下し、夜間であれば着色光および照明弾の発射によりその位置を知らせる。その距離が20マイルの範囲内であれば、D型中戦車は約

2時間で敵軍司令部に到達できる。

　使用できるあらゆる爆弾を敵の補給基地と交通の要点に集中する。ただし敵の通信機能は活かしておいたほうがよい。なぜならばD型中戦車と飛行機の2重攻撃が敵を面食らわせ、加えて敵自身の通信が敵の混乱をさらに助長するからだ。悪いニュースは疑心暗鬼を呼び、疑心暗鬼はパニックをもたらす。

　敵が命令や命令の変更を乱発し、パニックが一気に拡大するや、慎重に準備していた戦車、乗車歩兵、機動砲兵が敵の主力防御部隊に対して攻撃を開始する。攻撃目標は10,000ヤード（約9km）の縦深に展開する敵砲兵陣地だ。

　敵陣地突破に引き続いて追撃を敢行する。追撃部隊は使用可能なすべての中戦車および乗車歩兵だ。D型中戦車大隊が追撃部隊を先導し、あらゆる通信センターを確保して、敵軍司令部を破壊し、遭遇する敵部隊を蹴散らす。ドイツ軍西部方面総司令部の頭上に数100トンの爆弾を投下し、少なくとも司令部としての機能を無力化する。

## ✳ D型中戦車の戦術上の効果

　ある特定の兵科の進化、とくに機動力の進化は、既存の他の全兵科 ── 歩兵、騎兵、砲兵、飛行機、工兵、輜重兵 ── の有用性および運用に影響を与え、それに見合った進歩・改善を促す。

### ● 歩 兵

　第二義的目標の奪取を除けば、足に頼る歩兵は、将来、その有用性は大幅に低下するであろう。歩兵がD型中戦車に随伴して追撃を敢行するためには、歩兵は機械的輸送手段により少なくとも1日32km前進しなければならない。

歩兵の役割は次のようになる。

> 1. 戦車群の戦術的突破を支援する
> 2. 戦車部隊の運用が困難な地形で行動する
> 3. 戦車部隊が奪取した要点を占領する
> 4. 後方支援部隊を防護する

　突破口の形成以降、歩兵が従来のような攻撃を続行する見込みは減じ、歩兵の主要な役割は、D型中戦車が突進した後の地域一帯を確保することになろう。ゆえに、歩兵の戦術は防御的で、主要火器は機関銃である。

## ●騎兵

　騎兵に少なくとも32km/日で5～7日間連続して追撃できる耐久力があれば、D型中戦車部隊群間の間隙に乗馬哨戒線（警戒線）を構成できるので、騎兵の価値には見るべきものがある。この場合、7日後の追撃最終日にはすべての騎兵が馬なしになっていると仮定しても、240kmの追撃後には敵も戦闘能力を喪失しているだろう。

## ●砲兵

　重砲は、攻撃開始初日以降の数日で、機動砲としての役割は消滅して攻城砲へと格下げになろう。野砲は、輓馬編制であれば、2～3日目以降の戦闘に追随できない。したがって野砲の牽引は、馬からトラクターに替えなければならない。今日でもすでに戦場やその後方地域において大量の軍馬を養い維持するのは困難になっている。

大砲運搬車マークⅠ：1918年に使用され、60ポンド砲または6インチ榴弾砲を運搬。カンブレーの戦いに7両参加したが、実弾は発射しなかった

出典：『TANKS IN THE GREAT WAR』

● 英空軍

　戦車の機動力が向上するに従って、戦車の安全と生存のために飛行機への依存度はますます高まる。

　空軍の役割には次のようなものがある。

---

1. 戦車部隊の前衛として行動する
2. 指揮系統の分断破壊に任ずる戦車部隊を支援する
3. 戦車部隊を攻撃目標に誘導する
4. 敵の砲兵火力から戦車部隊を防護する
5. 先遣戦車大隊に対して燃料、弾薬を補給する
6. 作戦根拠地と戦車大隊間の連絡に任ずる
7. 戦車旅団長を飛行機に搭乗させ、上空からの戦況の把握、予備戦車部隊の運用を容易にする

飛行機と戦車の関係は、かつての歩兵と騎兵に匹敵する。

## ●工兵

工兵の役割ははるかに大きくなる。工兵の役割は主として交通路 —— 道路、鉄道、橋の建設など —— の改善に特化する。既存の防衛任務はすべて歩兵に委任する。

## ●戦闘サービス支援（輜重(しちょう)）

戦闘サービス支援部隊の機動力が喫緊(きっきん)の課題。第一線部隊を適切に補給するためには、馬に替わって貨物自動車が野外補給の手段となる。貨物自動車は、簡単な車輪補助具をつけることにより、草原や耕作地を横断できる。

D型中戦車の機動力が全兵科の機動力を向上させることは疑いようのない事実である。牽引用の馬は消滅し、乗馬用の馬もまた同様の運命にある。機動力に優れた兵科は一層有用となり、機動力に劣る兵科は戦場から消え、機械的手段による機動力が戦場におけるスタンダードとなる。

## ✻ D型中戦車の陸上戦術への影響

陸上戦術（突破または包囲）に及ぼすD型中戦車の影響はもはや言うまでもない。防御陣地の突破は、旧式の塹壕陣地に対する攻撃よりも、一層容易となろう。包囲は単に機動の結果にすぎなくなる。

これらの利点以外に、攻撃正面は旧来の限定された正面から戦車部隊が展開する全正面へと拡大し、戦車部隊のすべての行動が奇襲となる。

敵がD型中戦車と同等または優越した兵器を持たないかぎり、

D型中戦車と戦うことは不可能だ。D型中戦車を中核とするすべての攻撃は整然と行われ、攻撃は計画どおりに進捗し、敵の後方活動を破壊・混乱させ、主導権はこちら側にあって、敵は我が軍門に降るであろう。

## ※ D型中戦車の戦略への影響

戦略すなわち終戦のための一連の科学 —— 戦いをやめる契機は、筋力と機械エネルギーのせめぎ合いの中から生まれてくる。

海軍戦術を地上戦闘に応用することは、まったく新しい戦略原則の応用で、今日の地上戦闘に計り知れないほどの影響を与える。これまで戦略は各種交通路に制約されてきたが、今や交通路の範囲は拡がり、各種車両の移動は道路や鉄道への依存度が低下し、地表面はあらゆるタイプの路外機動車両の交通路となる。

D型中戦車の先進的な機能は、その高速度、行動範囲の広さおよび地形の踏破性 —— 平らな地形の全方向への移動性ゆえに、戦略的には時間の節約者となる。戦闘における歩兵の能力と比較すると、D型中戦車の速度は10倍、行動範囲は25倍、防護力にいたっては比較にもならない。

戦闘における時間の節約は、産業における時間の節約と同様、物の生産にかかわる人力の削減と同じ意味を持つ。

しかしながら、現実のわれわれには時間こそが敵である。なぜかといえば、現在最も恐れていることは、これまでに述べたような自動車化装備を来年までに生産するための十分な時間があるか、ということだからだ。

新装備を小出しに使用することは敵に専売特許権を与えるようなもの。必要な数量のD型中戦車を欠いて、1919年の戦争に

第1章 Plan1919

フラーは、マークⅧ型重戦車を突破部隊としてイメージしていた。第1次大戦後の1921年に100両完成、1932年まで米陸軍の重戦車として使用された。菱型戦車の最終型で、車体も大きく、装甲も強化され、外観もスマートになった。6ポンド砲2門、機関銃7丁を搭載し、戦車の周囲の対歩兵能力が強化されている。写真はアバディーン兵器博物館で撮影したもの

勝利することに失敗すれば、ドイツ軍は1920年には優秀な自動車化装備で我を打ち負かすであろう。

　いかなる兵器も時間がたてばやがて陳腐化することを忘れてはならない。1919年5月までに必要とされるD型中戦車の数量は2,000両で、これらが戦争を終結させてくれること疑いなし。

## ✳ 付録 ── 所要戦車数の算定（1.1に付表として掲載）

# ナポレオンの箴言※に学ぶ①

　会戦計画の策定にあたり、敵が採用し得るあらゆる可能行動を見積もり、必要な解決策をあらかじめ講じておくべし。実行の段階で、各期の計画は情勢の変化、指揮官の資質、部隊の状態および戦場の特性に応じて修正すべし。── 第2箴言

**出典**：William E.Cairnes／編『NAPOLEON'S MILITARY MAXIMS』

　会戦のような大規模作戦では、「**全般作戦計画**」を策定し、通常、実行段階を作戦期間で区分（1期、2期など）します。この際、1期の計画は即実行できるように具体的に作成し、2期以降は当時の状況により柔軟に対応できるように幅を持たせます。

　全般を律する基本方針は不動ですが、戦いに影響する諸要素は時間の経過とともに変化するので、継続的な状況判断により、変化に対して適時・適切に対応できることが肝要です。

※　しんげん：いましめとなる短い句のこと。

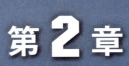

# 第2章
## 幻の野外要務令

本書は結論めいたことを叙述した本ではなく、アイディアを提供する本にすぎない。これらが、英国陸軍の幾人かの若き軍人たちの頭脳を刺激して、変化に対する柔軟性をもたらすのであれば、本書の目的は十分に達成されたといえよう。なぜならば、真に重要な対象者は、これから増えていく新世代の軍人たちだからだ。

『Lectures on F.S.R. III』(序言)

## PRINCIPLE 2.1 幻のマニュアル①
### スイスの山荘で速記者に口述した

　J.F.C.フラーの最も重要な著書『Lectures on F.S.R. Ⅲ』(講義録・野外要務令第Ⅲ部)は、1932年に一般書籍として出版されました。「F.S.R.」は「Field Service Regulations」のことです。サブタイトルの「Operations Between Mechanized Forces」がその中身を表しています。

　なぜ本書が最も重要かといえば、第1次大戦終了から15年間、フラーは一貫して軍の機械化・装甲化を主張し、その執念がこの1冊に凝縮されているからです。講義録という体裁(ていさい)をとっていますが、フラー自身が**完璧なマニュアル**と語っているように、**実体は完全な戦術書**です。

　1929年、フラーは、歩兵旅団長／ライン地区占領連合国陸軍に補職(特定の職務に配置すること)されました。歩兵旅団長というポストは戦車や機械化部隊とは無縁の配置で、フラーの経歴や資質を無視した閑職です。つまり、彼は英国陸軍当局から実質的に干されたのです。

　旅団長在任中、軍の中で孤立感を深めていたフラーは、保守・現状維持派の高級将校に見切りをつけ、フラーを支持する若手将校を対象とした著書を刊行しています。1931年の『講義録・野外要務令第Ⅱ部』と、翌1932年の『講義録・野外要務令第Ⅲ部』の2冊です。

> 「私は、長年にわたって、戦術訓練全般に資する2種類の本が必要であると訴えてきた。1冊は今日の戦争を対象とし、もう1冊は将来の戦争が対象だ。私がこのことを何度も繰り返し提案する理

由は、私たちは目下軍事の過渡期に生き、そして明日いつ戦争が起きてもおかしくないからだ」　『講義録・野外要務令第Ⅲ部』序言

第Ⅱ部は、歩兵旅団の若手将校の要請に応じて講義した内容を2週間でまとめ、第Ⅲ部は、スイスの山荘で速記者に口述して書き取らせたものです。

### ■『講義録・野外要務令第Ⅲ部』の目次

| 序　言 | | 講義内容 |
|---|---|---|
| 第1講義 | 第1章 | 戦争の本質、軍隊、軍隊の運用、軍隊の指揮など |
| 第2講義 | 第2章 | 戦闘部隊、特性および装備 |
| 第3講義 | 第3章 | 戦闘以前の戦略的準備（戦略的偵察など） |
| 第4講義 | 第4章 | 戦闘（接敵行軍、戦闘計画、指揮官の位置など） |
| 第5講義 | 第5章 | 情報（空中偵察、地上偵察、戦闘間の偵察など） |
| 第6講義 | 第6章 | 防護（前衛、側衛、後衛など） |
| 第7講義 | | 防護（休止間の防護―外哨、対空防護など） |
| 第8講義 | 第7章 | 攻撃（攻撃目標、敵との接触、攻撃発起など） |
| 第9講義 | | 攻撃（歩兵、砲兵、戦車、騎兵、工兵、飛行機など） |
| 第10講義 | | 攻撃（塹壕陣地の攻撃、追撃など） |
| 第11講義 | 第8章 | 防御（防御の役割の選択、防御準備、逆襲など） |
| 第12講義 | | 防御（長期間の防御、部隊交代など） |
| 第13講義 | 第9章 | 夜間戦闘（夜間行軍、夜間退却、夜間攻撃など） |
| 第14講義 | 第10章 | 未開地・開発途上国における戦闘（山地、森林、砂漠） |
| 第15講義 | 第11章 | 海上・陸上・空中による移動 |
| | 第12章 | 命令、指示、報告、通報 |
| | 第13章 | 通信 |

※本章の末尾に第7章の抜粋を掲載している　　　　　参考：「Lectures on F.S.R.Ⅲ」

## 2.2 幻のマニュアル②
### 英国や米国では無視された

　第Ⅲ部は、**本国の英国では無視**されましたが、ドイツ、ソ連など外国では熱心に読まれました。初版は米国では見向きもされませんでしたが、初版出版から10年後の1943年に、その先駆的な内容が改めて評価され、すでに始まっていた第2次大戦の戦況をふまえ、**フラー自身が旧版に注釈を加筆**し、『**機甲戦（Armored Warfare）**』と改題して再出版されました。

> 「後に電撃戦で名声をとどろかせ、出版当時（1932年）すでに戦車のエキスパートとして著名だったドイツ軍ハインツ・グデーリアン将軍は、本書を精読した。ソ連邦赤軍は本書を30,000部コピーして赤軍全将校に必読書として配布し、後に、100,000部まで増刷した。チェコスロバキアの陸軍大学校は本書を機械化戦の基準参考書として採用した。皮肉にも、英国では1935年までに初版の500部が売れたのみで、米国では『歩兵ジャーナル』が初版発行時に1部入手されたが、レビューに失敗し、書評がまずく読者の関心を呼ばなかった」
>
> 　　Anthony M.Coroalles『Lectures on FSR 3 Revisited : Thought of J.F.C.Fuller Applied to Future War』
>
> 　　　　　　　　　　　　　　　　米陸軍ウォー・カレッジ選書

　『機甲戦』でフラーが注釈を加えたのはおよそ150カ所を数えます。これらは、第2次大戦のポーランド戦線、フランス戦線、ロシア戦線、北アフリカ戦線などの具体的な戦例を引用しながら、『講義録』各章の個々を検証しています。

そのうちの40カ所が北アフリカ戦線を取り挙げています。『講義録』の内容を立証する具体例として**エルヴィン・ロンメル将軍のアフリカ軍団が約26%を占めているという事実**は注目に値します。

注釈の大半は、フラーの機動戦理論の正しさを証明しています。ただし、当然のことですが、フラーの理論にも誤りがあり、フラー自身もそのことを率直に認めています。

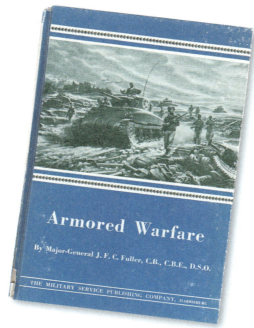

筆者が所蔵している『Armored Warfare』(The Military Service Publishing、1955年、第4刷)の表紙。旧版の全文を掲載し、フラーが随所に注釈を付している。頭書(本文の前に書き込まれた部分)に米陸軍のS.L.マーシャル中佐が解題(かいだい)(書籍の説明)を載せ、末尾に「突破の理論」などを付録として添付している

## 2.3 フラーの戦争観
**戦争の真の目的は平和であり、勝利ではない**

　フラーの著書に『The Conduct of War 1789-1961』があります。フラーは同書で戦争を、**制限された政治目的をともなう戦争**と**無制限の政治目的をともなう戦争**の2つのカテゴリーに分類し、勝者に利益となった戦争は前者（制限戦争）である、と断じています。

　また、**クラウゼヴィッツ**を、戦争を「社会生活の範疇に属するもの」と理解した最初の人と評価し、「第2次大戦の連合国側の戦争指導者の中には、クラウゼヴィッツの業績を注意深く研究した者はいない。もしいたならば、西側連合国は、あのようなめちゃくちゃな戦争指導をしなかったであろう」と酷評しています。

> 「戦争が政治の一手段であることを米国人は理解していなかった。彼らは戦争のやり方を知らなかった。そしてその結果、平和をいかに創出するかを知らなかったのである。彼らは、戦争とは生きるか死ぬかのゲームであり、その栄冠は勝利にあるとみなしていたのだ」　　　　　『The Conduct of War 1789-1961』

　チャーチル英首相もルーズヴェルト米大統領も、ソ連首相スターリンと組んで、ドイツと日本を完膚なきまでに破壊し、その結果として第2次大戦後に、平和ではなく冷戦という新たな戦争を生み出したのです。

　「戦争の真の目的は平和であって、勝利ではない。敵を撃滅し、一方的にわが意志を強制することがあってはならない」という

のがフラーの一貫した戦争観です。

フラーがこだわる制限戦争とは、ナポレオン戦争以前の中世の貴族戦争のイメージです。フランス革命（1789年）により戦争の性格が激変し、無制限の破壊をともなうようになりましたが、フラーは、イタリアの歴史家ガリエルモ・フェレーロの著作を引用して、古き良き時代の制限戦争を説明しています。

「制限戦争は18世紀に達成された至高の業績の1つだった。それは貴族的な上質の文明の中でのみ繁茂する温室植物のようなもので、今日私たちはもはやそれを手にすることはできない。それはフランス革命により失われた宝物の1つである」

『The Conduct of War 1789-1961』

1945年3月9〜10日の大空襲で焼け野原となった東京の下町。東京都日本橋区上空から隅田川越しに撮影したもの

写真：朝日新聞社／時事通信フォト

## 2.4 フラーの時代認識

**内燃機関が軍隊の在り方を抜本的に変えた**

　フラーの時代認識は、『講義録』の第1章にあますところなく語られています。以下、**要点を紹介**します。

　　　　＊　　　＊　　　＊

　「内燃機関の出現は、これまでとは異なる新しい状況に見合った戦術を要求する。第1に、飛行機という新兵器の発明だ。第2に、自動車は軍隊の管理を飛躍的に拡大し、装甲（機甲）部隊を誕生させた。第3に、致死性ガス、糜爛(びらん)性ガス、催涙ガスおよび化学剤は、今や決定的兵器としての地位を獲得した」

　　　　＊　　　＊　　　＊

　「15〜16世紀の間、軍隊の編成・装備の変化は、主として大砲の威力に準拠した。19世紀は蒸気機関と化学がそうだった。そして20世紀はガソリン・エンジンと電気が主役の座を占めている。ガソリン・エンジンと電気は高破壊性爆薬、蒸気機関、化学と一体となって、戦争のあらゆる分野に画期をもたらす」

　　　　＊　　　＊　　　＊

　「私たちは、現実に何が起きているかをよく理解しないと、旧式戦術でより危険性の増した新しい戦争を戦うことになり、ひいては軍隊を無価値とするだろう。私たちが今やるべきことは、心を開いてさびついた古い常識から脱却し、現実の情勢・環境に適応することである」

　　　　＊　　　＊　　　＊

　「100年ぐらい前までは、あらゆる運動は筋肉で行われ、そしてそれは、鉄道による軍隊の輸送と補給を除いて、第1次大戦まで残っていた。無蓋貨車と自動車が出現すると、すぐさま戦

略と戦術の修正が始まった。まず、鉄道末端から戦場への補給が距離的に伸び、またあらゆる方向に可能となり、大規模な砲兵戦を容易にしただけでなく、野戦築城をこれまで以上にはるかに強化できるようになった。次いで、軍隊内通信と戦場視察の手段が大規模に拡大されたことだ。かつて将軍や参謀たちは馬に乗って戦場に出たが、馬から自動車に乗り換えることにより、敵とのすみやかな接触が可能となった」

\* \* \*

「自動車が装甲車へと変化したのは自然の流れで、装甲車はただちに装軌車、あるいは戦車へと発展した。装軌車と戦車は、広範囲な偵察の実施という戦略に影響し、機関銃弾・小銃弾を無効化することにより戦術に劇的な影響を及ぼし、時代遅れとなった戦争方式を転換させる、中心的な兵器となった」

\* \* \*

第1次大戦勃発直前、英国は年間34,000台、米国は573,000台の自動車を生産したが、装甲車の生産はごく少数だった。写真はアバディーン兵器博物館に展示されている当時の装甲車

「第1次大戦に登場した兵器の中で、これから大いに進歩発展するのはおそらく飛行機だ。飛行機は、戦略的には偵察の分野に新たな地平を拓（ひら）き、戦術的には砲兵戦術を変更するだけではなく、銃後の地上部隊、市民、軍事施設などへの攻撃が可能となるであろう。飛行機は戦争術に新しい局面をもたらし、その限りない発展の可能性は、陸軍や海軍を無用の長物とすることもあり得る。たとえそうならなかったとしても、飛行機が陸軍や海軍のあり方に変化を促すことは間違いない」

　　　　　　　＊　　　＊　　　＊

　「ヨーロッパの道路がほとんど未整備だった時代は、馬が民間と軍隊の移動手段であり、この結果、大量の騎兵が存在した。道路が発達し農耕地が広がると、自動的に歩兵が軍隊の主力となった。そして今日は、工業が農業に代わって社会の主要部分を占めるようになり、軍隊の組織も、民間の原動力となっている機械に依存することが、もっともっと増えるであろう」

　　　　　　　＊　　　＊　　　＊

　「つい最近まで、ほとんどの屈強で信頼できる兵士は農民出身だった。今日でなくとも近未来には、平和時におけるすべての民間人は、戦時になるとただちに戦争に使用され得る機械――自動車、貨物車、バス、トラクターおよび飛行機――と密接なかかわりを持つようになり、このような民間人が戦時に徴用されて陸軍兵士の主力になる。

　このことは戦術的視点で何を意味するか？

　どのようなタイプの車両でも運転したことのある者は、誰でも、小銃射撃訓練または機関銃訓練を短期間で終えることができる。このことから次のように言える。すなわち、将来、私たちは2つの形態の野戦に直面する。すなわち、将来の野戦は、高

度に組織化された軍隊および機動遊撃隊(モーター・ゲリラ：正規の兵士で編成して車両で移動する小部隊)によって行われる、ということだ」

\*　　　\*　　　\*

「工業は機械化の基礎である。将来は機械化された国家だけが組織的な戦争を成功裏に行うことができる。中世のように戦争が馬に依存していた時代は、馬の保有数が少ない国は馬を大量に供給できる国に対してほとんど抵抗できなかった。はるかに時間を隔てた現代は、装甲を生産できる国は生産できない国に比べるとすべてが強力である。だからこそ、今日では、産業および製造業が遅れている国が侵略に抵抗するためには、少数といえども機械化車両が現実的に重要となる」

### ■ マークⅠ型戦車

第1次大戦の膠着した塹壕戦を瓦解させる切り札として登場した戦車は、今日の機械化部隊の草分けだった。写真はアバディーン兵器博物館で筆者が撮影したもの

# 2.5 機動戦①
## 攻撃の3方式(forms of attack)

　フラーは、攻撃も防御も決まりきった型はなく、**緩急自在の組み合わせで戦闘の目的を達成することを重視**しています。最終的に攻撃する場合は、次のような攻撃の3方式を提示しています。

● **突破**(penetration、図A)

　敵の防御陣地を迂回できない場合は正面を突き破るしかなく、このような戦闘には開放正方形の攻撃隊形が適している。グループaが突破口を形成、グループb、グループcが突破口を拡大し、グループdが突進して敵の後方を攻撃する。

● **一翼攻撃**(single outflanking、図B)

　敵が渡渉不能かまたは渡渉困難な障害に向かって対角線的に機動する場合、敵を一翼包囲できる。背後の障害が湿地であれば、グループaは正面から敵を圧迫し、グループbはY地点に向かって移動して敵の退路(後方連絡線)を遮断する。

　このようなグループbの動きは攻撃行動そのものではなく、有利な態勢を占めるための運動すなわち勝利の土台づくりです。これと似たような行動は、我の退却時にも起きます。すなわち、敵を障害が存在する方向、または両翼から攻撃できる可能性のある地域へ誘致して、最終的にこの敵を攻撃するというものです。

● **両翼攻撃**(double outflanking、図C、図D)

　自然障害が存在しない地域では、機械化部隊の特性である機動力を存分に発揮できる。図Cの場合、グループaは敵グループeの方向へ移動し、グループcはX地点へ、グループbはY地点へ移動する。図Dの場合、一翼攻撃の場合と同様の行動が、再び、退却時に起きる。すなわちグループaが後退して敵グル

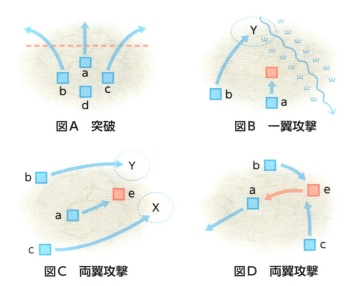

図A　突破　　図B　一翼攻撃

図C　両翼攻撃　　図D　両翼攻撃

ープeを誘い出し、グループbとグループcは外翼に残り、敵グループeの前進に従って両翼から攻撃（挟み撃ち）する。

　複数の機械化部隊が独立的に運用されている場合に、このような機動戦が多く起きます。これらから、敵を奇襲するために、このような部隊（グループb、グループc）の存在を秘匿しておくことが重要、とフラーは指摘しています。

　これら3つの攻撃方式を可能にするには、機械化部隊がその機動力を十分発揮できることです。このためには次のような条件が前提となります。

1. 戦場上空の制空権の獲得・保持
2. 森林、谷地、凹地など部隊の存在が秘匿できる適地の存在
3. 機動遊撃部隊による予想戦場地域の偵察、情報収集など

## 2.6 機動戦②
### 指揮官はすべからく戦車に搭乗すべし

　第1次大戦で戦場を支配したのは、塹壕に拠る機関銃と鉄条網です。これを破壊すべく登場したのがタンクです。しかしながら、大戦後、伝統墨守の守旧勢力は、戦車が次の戦争の主役となることを認めようとしませんでした。

　このような風潮のなか、フラーが提唱した機動戦は、まさに異端の説です。従来のどっしりと腰を据えた歩兵戦・砲兵戦が変転流動する機動戦へと変化すると、作戦計画の策定や指揮官の戦闘指揮などが劇的に変化します。

> 「すべての指揮官にとって正しい位置は戦闘の最大の焦点となる場所、その場所は固定的ではなく常に変転する。ロンメル将軍の成功の数々がこのことを証明している。司令部に腰掛けている将軍は古い時代の遺物、機動戦の時代にはこのような将軍の居場所はない。機動戦では戦車の戦闘室が指揮官の定位置である」
> 　　　　　　　　　　　　　　　　　　　　　　　『Armored Warfare』

　**機動戦の最大の特色は、状況が時々刻々と変化すること**。後方の司令部で報告を受け、図上で対策を案じている間に、第一線の状況はあっという間に変化します。

　フラーは「機械化部隊の指揮官はすべからく戦車に搭乗すべし。決して数マイル後方の床机に腰掛けて指揮してはいけない」と断言しています。

　このことは、筆者自身の戦車部隊指揮官（大隊長、連隊長）経験からも100％納得できます。

第2章 戦いには不変の原則がある

「第1次大戦では旧指揮システムは莫大な浪費だった。機械化戦においてはこのシステムはまったく機能しないであろう。それゆえに、私たちはもう1度歴史を振り返って、将軍たちがかつての野戦軍司令官のように部隊を指揮し、部隊を車両化して、部隊とともに危険に直接身をさらした時代に回帰しなければならない」

『Lectures on F.S.R. Ⅲ』

機甲部隊を指揮するロンメル将軍（中央）。向かって右はゲオルク・フォン・ビスマルク将軍
写真：dpa/時事通信フォト

## 2.7 攻防一体
### 攻撃と防御を一体の行動としてとらえる

　私たちが戦術を知識として学ぶ際、通常、攻撃や防御をそれぞれ独立した行動として取り上げます。**攻撃と防御を一体の行動としてとらえる**ことはほとんどありません。

　作戦という中期的な視点で戦いを見ると、攻撃も防御も全体の一部で、相手が手を挙げるまで戦いは続くというのが実態です。フラーは「戦車部隊は、好機に乗じて根拠地から前方へ出撃し、また圧迫を受け撃破されるおそれがある場合は自主的に根拠地に撤収する」と言い切っています（根拠地については次項で解説）。

> 「機動戦の主眼は、攻撃を予期するときはいつでも最初に防御の諸要素に思いを致し、防御を予期するときは攻撃の諸要素に思いを致すべき、ということに尽きる」　　　　『Lectures on F.S.R. Ⅲ』（第8章）

　「**攻防一体**」は教範には見られない用語で、フラーは『講義録』で、offensive‐defensiveと表記しています。北アフリカ戦線のロンメル将軍の戦いはこれを地で行っています。

　1942年5～6月、ロンメルのアフリカ軍団は英軍の針ネズミ陣地への攻撃に失敗した後、多数の88mm高射砲を対戦車拠点として構成した応急防御地域（前進根拠地）に逃げ込みました。この応急防御地域が有名な**大釜**です。

　フラーは、戦闘の目標は敵の攻撃と根拠地とを分断して攻撃部隊から根拠地を奪うこと、と明快に述べています。攻防いずれにおいても根拠地が不可欠ということです。

## ■ アフリカ軍団の全周防御陣地（大釜）

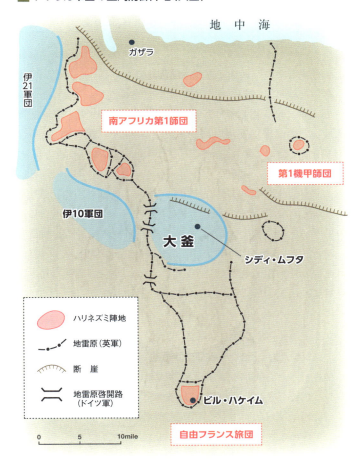

機動戦に失敗したロンメルは、アフリカ軍団の再編成のため、全力で円陣防御の態勢をとった。大釜は補給路が背後の地雷原（英軍）でふさがれており、根拠地としての機能はかならずしも十分ではなかったが、英軍は機動戦という感覚を欠いて攻撃が鈍重となり、勝利のチャンスを逸した。逆にロンメルは大釜の保持に成功し、地雷原を啓開（けいかい）して燃料、弾薬、糧食、飲料水の補給を受け、最終的に攻撃に転じて英軍を撃破した

# 2.8 根拠地①
### 出撃拠点であり、危機時の避難地でもある

　フラーは『講義録・野外要務令第Ⅲ部』の中でbase——部隊が生存するための拠点であり補給基地でもある——について繰り返し言及しています。

　baseは、一般用語では基盤、軍事用語では根拠地、基地、策源地などの意味で使用されますが、本稿では「**根拠地**」という用語をあてはめます。

> 中世の城砦の戦略的および戦術的な用法が、根拠地の正確なイメージを教えてくれる。城砦と根拠地の唯一の違いは、城砦はその場所から他の場所へ動かすことができないという点だ。戦闘間においては、根拠地を移動させることはまず不可能だ。この場合、前進戦術根拠地の役割を担うのは砲兵戦車で、その目的は第一線攻撃部隊の防護である」　　『Lectures on F.S.R. Ⅲ』(第7章)

　フラーは「中世の騎士は城砦または荷馬車の車陣を根拠地とした。**ジシュカ(Ziska)のワゴン要塞**は騎馬兵士を守る不可侵の拠点だった。(中略)機械化戦闘においてはジシュカに回帰することが最も有益」と強調しています。

　今日の米陸軍師団では、戦闘支援旅団が、フラーのいう荷馬車の車陣のイメージに近いようです。

　戦闘支援旅団は地域警備、後方連絡線の整備・維持、機動支援、作戦地域の空域統制、飛行場・道路の建設、化学剤・生物兵器・放射線・核爆発などの被害からの防護、指定された戦闘部隊での限定的な防御・攻撃、などを行います。

**根拠地**には飛行場を抱きかかえる広大なものから、補給基地、対戦車拠点で固めた防御陣地など各種のタイプがあり、**攻者の出撃拠点であり危機時の避難港**です。朝鮮戦争における米第1海兵師団の撤退作戦（1950年12月1～10日）が成功したのは、撤退路に適切な根拠地を準備していたからです。

### ◾ 再現されたジシュカの荷馬車

農業用荷馬車の車体に厚板製の銃眼付き胸壁（きょうへき）を備えている。戦闘時には多数の荷馬車を連結して車陣を組んで応急的な野外要塞とした。15世紀初頭、フス戦争を指導したボヘミアの将軍ジシュカは、新戦術（ワゴン要塞）を駆使して、当時主流だった騎士の突撃を完全に撃破した

写真：Ludek

## 2.9 根拠地 ②

### 米第1海兵師団の撤退作戦における根拠地

> 「機動戦の主眼は、攻撃を予期するときはまず防御の諸要素に思いを致し、防御を予期するときは攻撃の諸要素に思いを致すべき、ということに尽きる。このことは、行軍、宿営、野戦、包囲戦、護衛、後退行動および追撃のあらゆる場面に適用できる。これらを要約すると、常に剣と盾を準備せよということだ」
>
> 『Lectures on F.S.R. Ⅲ』(第8章)

氷点下30度を超す酷寒の長津湖（チャンジン）付近で中共第9集団軍（7個師団）の人海戦術による攻撃を受けた米第1海兵師団は、雪に覆われた50kmに及ぶ山間長隘路（ちょうあいろ）における10日間の戦闘で、およそ50％あまりの損耗を出しながらも、中共軍の包囲環から脱出しました。

苦難の撤退行が成功したのは、**撤退路の要衝である喝隅里（ハガルリ）と古土里（コトリ）に根拠地をあらかじめ設定していたから**です。とくに喝隅里は一大補給基地で、守備部隊を配置し、基地内には滑走路があり、輸送機の発着も可能でした。

フラーは『Lectures on F.S.R. Ⅲ』で、根拠地の重要性を繰り返し強調しています。米第1海兵師団は北進の当初から根拠地を設定し、兵站基地であり非常時の避難港でもある「盾」を準備して作戦を開始したのです。

インパール作戦（昭和19年3〜7月）は典型的な**外線作戦**です。日本陸軍第15軍には根拠地という発想自体がありません。英軍の満を持した反撃に対して、第15軍はこれに抗する戦力を

欠き、かつ逃げ込む避難港がなく、撤退路が「白骨街道」と呼ばれる悲惨な状況に陥ったことは周知のとおりです。

### ■ 第1海兵師団の撤退行（1950年12月1～10日）

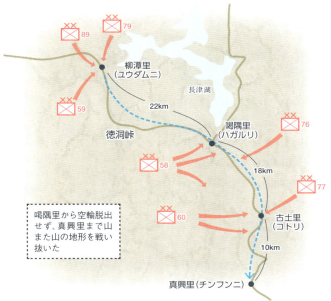

長津湖付近で行動する米第1海兵師団のM46パットン戦車とマリーン
写真：米海兵隊

## 2.10 機動防御

**戦車の機動力を発揮して防御する**

> 「防御はあたう限り機動性を発揮して行うべきという事実に、いかなる軍隊もいまだ気づいていない。今日は機動の時代であり、機動力こそが鍵なのだ」　『Armored Warfare』

フラーは、**防御の具体的目標**として、次の3つを挙げています。

---
① 攻撃のための根拠地を提供する
② 敵の移動を完全に阻止する
③ 一定期間、敵を拘束する

---

攻防一体（**2.7**）および根拠地（**2.8**、**2.9**）についてはすでに述べましたが、①がこれに相当します。敵が根拠地に対して攻撃を仕掛け、あるいは攻撃力が弱まると、防者が敵攻撃部隊に対して全力をもって反撃するチャンスです。

反撃部隊の主力が戦車部隊であるのは当然で、このような戦いは、厳密に言えば防御ではありませんが、いわゆる機動防御の範疇に入れてもよいでしょう。

②、③の場合、飛行機の空中観測により敵の移動方向を発見し、偵察戦車および機動遊撃部隊（モーター・ゲリラ）を前方に派遣して敵との接触を維持し、主動的な戦いを行います。

防御地域を選択する場合、**突角を形成する地形に防御部隊を配置しないことが戦術の鉄則**です。機動力のある部隊がこの特性を逆に応用してうまく利用すれば、有利に戦えます。このよ

うな戦いが機動防御（mobile defenses）です（下図参照）。

## ■ 機動防御のイメージ

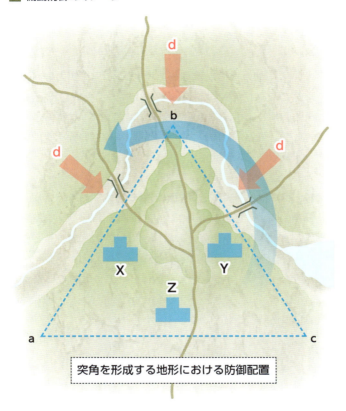

突角を形成する地形における防御配置

三角形a、b、cで突角を形成しているとすれば、敵dはa-b、またはc-b、あるいはbから攻撃できる。敵がa-bから攻撃すれば、敵の左側面は図のようにb-c方向から（YとZに）打撃される（青い矢印）。c-bから攻撃すればa-b方向から（XとYZに）、bから攻撃すればa-bおよびc-bから（XとYとZに）同様に打撃される。このような考え方は、今日の機動防御の思想に通底するものがある

## 2.11 機械化軍隊の編成

### 攻撃と防護の2つのウイングで編成すべし

　フラーは、将来戦は戦車を中核とする機械化部隊による機動戦になる、と主張しています。では、機械化部隊の編成をどのように考えていたのでしょうか？

　フラーは、将来の機械化部隊は2つのウイング（wing：体系、広義の部隊）、すなわち**攻撃力の戦車ウイング**と**防護力の非戦車ウイング**で編成すべき、と主張しています。

　機械化装備で構成するのが戦車ウイング、戦車ウイングを支援できる輸送可能な対戦車火器で構成するのが非戦車ウイングです。非戦車ウイングは近代的ワゴン（**2.8**参照）として、戦車ウイングの後方あるいは近傍に根拠地を設定します。

　**機械化軍隊は戦車部隊と非戦車部隊で編成すべき**というのがフラーの主張です。戦車部隊は各種タイプの戦車（右図参照）で構成します。非戦車部隊とは戦車部隊以外の部隊のことをいい、根拠地を設定して戦車部隊を防護します。

　繰り返しになりますが、戦車部隊は好機に乗じて根拠地から前方へ出撃し、また圧迫を受けて撃破される恐れがある場合は、自主的に根拠地に撤収します。

---

「戦車自体は攻撃的対戦車火器、装甲化または非装甲化自走対戦車砲は移動可能な防護的対戦車火器。輸送できる大砲・地雷などは固定的対戦車火器。戦車を攻撃する急降下爆撃機は、地上から空中へと拡大し応用された攻撃的対戦車火器と移動可能な防護的対戦車火器を兼備している」　　　　『Armored Warfare』

## ■ フラーが想定した各種戦車

| | | | |
|---|---|---|---|
| 偵察戦車 | 斥候戦車 | scout tank | 近距離の偵察に使用。 |
| | 偵察戦車 | reconnaissance tank | 遠距離の偵察に使用。航続距離の長さ、速度、地形克服能力、渡渉能力が必要。 |
| 砲兵戦車 | 自走装甲榴弾砲 | artillery tank | 榴弾、発煙弾の発射が可能。 |
| | 対斥候戦車 | scout destroyer | 対戦車機関銃または半自動小口径銃を搭載。 |
| 戦闘戦車 | 戦闘戦車 | combat tank | 中戦車のような厚い装甲板、障害克服能力、乗員への精神的効果(敵にやられないという安心感)が必要。 |
| | 追撃戦車 | pursuit tank | (偵察戦車と一致) |
| 特殊戦車 | 渡渉戦車 | water-crossing tank | ※ 特殊戦車の開発を中止する見極めは難しい。なぜならば、陸軍の機械化が進めば進むほどさまざまなタイプの戦車が求められるからだ。(左の)7つの戦車は間違いなく製造されるであろう。 |
| | 突撃戦車 | assault tank | |
| | 補給戦車 | supply tank | |
| | 架橋戦車 | bridging tank | |
| | ガス戦車 | gas tank | |
| | 地雷敷設戦車 | mine-layer | |
| | 地雷処理戦車 | mine-sweeper | |

戦車の戦術的アイディアとは、見つけること(finding)、防護すること(protecting)、打撃すること(hitting)で、これを具体化したものが偵察戦車、砲兵戦車、戦闘戦車。大ざっぱな分け方だが、この3つのカテゴリーから派生した戦車を主体に構成するのがフラーのいう戦車ウイングで、特殊戦車およびその他の部隊・装備で構成するのが非戦車ウイングとなる

# 2.12 後方業務（兵站）
## 後方業務の体系化には至っていない

『講義録・野外要務令第Ⅲ部』には**後方業務（兵站）**の章がありません。では、フラーは後方業務（兵站）を無視あるいは軽視したのでしょうか？

フラーが後方業務（兵站）の重要性を認識していたことは間違いありませんが、兵站の体系化には至っていない、というのが実状です。とはいえ、『講義録』の各章には次のようなフレーズがちりばめられています。

補給戦車（supply tank）、路外機動段列（cross-country train）、路外における部隊への補給、後方兵站基地（rear depot）、兵站組織（logistical formations）の中に移動兵站部隊（mobile rear services）を準備、後方支援部隊（rear services）、根拠地（base）、補給基地（supply base）など。

これらを**兵站組織の構成、兵站部隊の運用、兵站業務の運営**といったカテゴリーでくくれば、今日の教範に近い形態になります。カンブレー戦（1917年11月）に参加した戦車476両のうち47両が補給戦車（旧式のマークⅠ〜Ⅲ型）です。作戦主務者だったフラーは兵站の重要性を完全に理解していました。

古今東西を問わず、軍隊の行動には兵站がつきものです。機械化戦の到来とともに兵站の量（燃料、弾薬などの補給）は急激に増大し、片手間でやる仕事ではなくなります。

『講義録』は机上の理論ですが、現実に機甲師団などが編成されるようになると、兵站は独立した業務になります。一例ですが、ソ連の1936年版『赤軍野外教令』では「後方勤務」の章を設けています（第3章で解説）。

第2章 戦いには不変の原則がある

第4BSB(旅団支援大隊)/第1SBCT(ストライカー旅団戦闘チーム)の訓練。中隊段列がコンボイを組み、自ら防護しながら、第一線部隊に補給を行う訓練のようす。作戦地域内はすべて戦場で、後方部隊も「常在戦場」の態勢で任務を遂行する 写真:米陸軍

# 『Armored Warfare』

(1943年、第7章の抜粋)

## ✲ 攻撃の一般原則

　戦いの原則は兵器の質によって変わることはなく、変化するのは兵器の威力との関連における戦いの条件である。どのような兵器が使用されようと、敵を発見し、拘束し、そして打撃しなければならない。その一方、自らは発見されず、拘束されず、そして打撃されないよう最大限努力しなければならない。

　あらゆる兵器は、地形、時間、空間のみならず敵・味方の兵器の影響を受ける。新兵器の導入により(戦いの)条件が変わり、そのことにより、戦いの原則の適用に関する(戦いの)条件の修正が必要となる。

　ひとたび敵の存在を発見するや、全般作戦構想は、攻撃、防御ならびに彼我部隊の移動時間に及ぼす地形の影響を慎重に見極め、これを基礎として策定しなければならない。したがって、移動の正確な時期を決めることが決定的な要素となる。私がすでに指摘しているように、命令と移動はシンプルでなければならない。なぜならば、機械化部隊をひとたび放つと統制が困難となるから。

---

★**注釈**　　1941年12月18～20日のリビアにおける一連の英軍戦車の攻撃がこの例。
　　　　　（※ 注釈はフラーが直接加筆した。以下同）

地形が不利かまたは有利な地域を獲得するだけの時間的余裕がない場合、我または敵が戦闘を拒否することがある。私は、このようなことは、どちらか一方が機動力で優越しているか、あるいは、より大きなリスクを許容できるだけの圧倒的な兵力を保有していない限り、しばしば起きると考える。

戦争勃発後、ただちに大規模な戦闘が生起するという考え方は、私の与(くみ)しないところだ。私が想定するのは、頻発(ひんぱつ)する小競り合いや機動が自軍の不注意で失敗に至ったとき、敵がそれを好機と判断して戦闘になるということだ。

> ★注釈　これは誤りだった。フランス戦線ではフランス軍の機械化の欠如が原因で、ロシア戦線では部分的に、少なくとも奇襲を目的として、それぞれ戦闘が生起している。

戦闘が起きそうな場合、攻撃は安全な根拠地を確立したうえで実施すべきである。今日の戦争では、砲兵が歩兵にこの根拠地を提供している。すなわち砲兵が敵歩兵を射撃して、歩兵の前進を容易にするのだ。

戦車戦における主要な根拠地は対戦車拠点だ。対戦車拠点は戦車部隊と拠点守備部隊が離隔している場合は戦略拠点となり、戦車部隊と拠点守備部隊が同居、または即行動可能な近傍にいる場合は戦術拠点となる。

> ★注釈　1941年、戦車がロシアに侵攻したときのキエフは、つまるところ襲撃にすぎなかった。ドイツ軍が強力な補給根拠地を設定していれば、決定的な作戦が展開できたであろう。

中世の城砦の戦略的および戦術的な用法が、根拠地の正確なイメージを教えてくれる。城砦と根拠地の唯一の違いは、城砦

はその場所から他の場所へ動かすことができないという点だ。戦闘間においては、根拠地を移動させることはまず不可能だ。この場合、前進戦術根拠地の役割を担うのは砲兵戦車で、その目的は第一線攻撃部隊の防護である。

> ★注釈　英軍は1925年に高性能8ポンド自走砲を装備していたが、1941年にドイツ軍の75mm装甲自走砲に奇襲された。

　主根拠地は自隊を防護することはできるが、敵方へ向かう（複数の）補給路を防護できるという保障はない。これらの補給路は攻撃部隊の戦車で、戦車が使用できない場合は専任部隊で防護すべきだ。

　これは次のようなことを意味する。攻撃部隊は、可能な場合にはいつでもその地域で戦闘するように努め、それがうまくいかない場合は、対戦車拠点または周りを戦車障害で固めた防御陣地に退却できる、ということだ。

> ★注釈　1942年5〜6月、ロンメルは英軍のナイツブリッジ針ネズミ陣地への攻撃に失敗後、対戦車砲とガザラの英軍地雷原に啓開した補給路で構成する大釜陣地に退却した。10月、ロンメルはいわゆるエル・アラメイン陣地―地中海からカッターラ凹地までの間―を占領したが、その後方の陣地は200マイル西のソラムだった。彼の防御陣地はきわめて強化されており、地雷の半分を陣地の前面に、残り半分を陣地の後方40〜50マイルに敷設した。正面を突破されたとき、後方ラインまで遅滞戦闘を行い、その後ソラムまで退却する計画だった。

　戦闘に適する地形と退却に適している地形の組み合わせは、そう簡単には見つからない。この点は、陸戦は海戦と同じよう

に原則よりはむしろ例外が多いことの1つの理由である。

> ★注釈　ある特派員が1942年9月28日付『ザ・タイムズ』の記事で次のように指摘している。「(リビア戦線では)戦車が地形を車体遮蔽陣地として利用するのは容易でない。しかも、戦車は100年前の軍隊同様に、お互いを視野に入れて機動しなければならない。戦闘が始まると、通常、移動することはめったにない。対抗する部隊は顔を見合って撃ち合い、それは一方が倒れるまで続く。ひとたび戦車の戦闘が始まるや、それぞれの陣営は野砲および対戦車砲の射撃を濃密にし、そしてそれは、しばしば、戦車の戦闘を中止に追い込む」と。

このような地形(戦闘にも退却にも適した地形)の組み合わせが可能で、敵が窮地を脱して次の陣地へ移動するために戦闘もやむをえないと判断している場合、我のとるべき作戦は、敵をして脱出のために戦闘せざるを得ない立場に追い込むことだ。

これは拘束機動といわれるもので、その場に拘束＝釘付けするのではなく、敵が生存するためにはその場から脱出しなければならない地域に敵を封じ込めることだ。この場合の機動の目的は、敵を攻撃により撃破することではなく、敵の補給を遮断して降伏を余儀なくさせることである。

それゆえに、攻撃対象を敵主戦力にするか、または根拠地に直結する後方連絡線にするかは、敵を袋のネズミにし得る地域の特性次第だ。これら異なる作戦の全体像は、兵力をいかに経済的に使用するかにかかっている。要は個々の作戦に最適兵力を使用することで、敵がワナにはまるか、または行動方針の変更が明らかになるまで、強力な予備隊を握っておかなければならない。

★注釈　エル・アラメイン戦線の動きのない戦闘ではなく、機動的な戦闘において、ロンメルは兵力の節用に名人芸的な冴えを見せた。

　機械化戦における予備隊の価値は、いくら誇張しても誇張しすぎることはない。なぜならば、機動力の向上は数え切れないほどの奇襲効果をもたらすからだ。強力な予備隊を持てば持つほど、それだけ予期しない奇襲効果が得られる。

　将来戦における大きな困難の1つは、敵の意図が推量できないことであり、さらに最も困難なことは、敵をいかなる場所にも固定＝拘束できないことだ。であるから、強力な予備隊を持たないかぎり、予期しない状況への対応は不可能となる。

★注釈　このことは戦争間、繰り返し見られた。撃破された戦車を迅速な野外修理でたえず機能を回復させ、新たな戦力として再生し、こうして予備の戦車を確保する。戦闘不能に陥った戦車でも、戦車全体が失われることはめったにない。

　もう1度、言おう。軍隊の機動性が高まれば高まるほど軍隊

### 🔲 M3中戦車

1942年、北アフリカ戦線に登場した米国製M3中戦車。車体に75mm砲、小砲塔に37mm砲を搭載。この車体を利用してM4中戦車シャーマンへと発展した。写真はアバディーン兵器博物館で撮影したもの

の統制は困難になる。予備隊を確実に握っていなければ軍隊の統制はやがて失われ、統制を失った軍隊は急速にリーダー不在の暴徒に成り下がってしまう。

## ✳ 攻撃目標および攻撃正面

　歩兵戦における攻撃目標は、一般的に、我が攻撃力を増し、敵の攻撃力を殺ぐことを意図して選定する。機械化戦における攻撃目標の選定は、我が機動力を増し敵の機動力を減殺するというアイディアに、より多く支配される。なぜならば、機動力の優越が得られるまでは、攻撃力は2番手の価値だからだ。

　攻撃目標と攻撃の決定的な地点とを混同すべきではない。なぜならば、攻撃目標は梯子の横木のようなもので、決定的な戦果へと向かう一歩にすぎないのだから。決定的な戦果が獲得できる場所を決定的地点といい、それは、通常、敵の後方連絡線で補給基地とつながっている。

　これまでは、我が後方連絡線を危険にさらすことなく敵の後方を打撃するのはきわめて困難だった。しかしながら、機械化部隊が迅速に路外機動できるようになり、我が後方連絡線の変更と敵の後方連絡線の奇襲的な攻撃はともに容易となった。

> ★注釈　現代戦の特色の1つは、後方連絡線に対する戦車と航空機の攻撃が頻発することだ。フランス戦線やアフリカ戦線、ロシア戦線でこのことが起きている。

　今日でも、軍隊は自軍の後方連絡線を防護できるように行動するが、とくに機械化戦においては、野外における部隊への補給および行動の自由を確保するため、後方連絡線を柔軟に移動させる必要性が頻繁に生ずる。なぜかといえば、すでに言及し

ているように、道路や鉄道を使用する補給は不可能となり、路外機動力のある段列（だんれつ）の仕事となるからだ。

> ★注釈　個人的見解だが、1941年のロシア戦線におけるドイツ軍は路外機動力のある段列を欠いていた。8月の早い時期でも、気象条件により段列は固い道路しか移動できなかった。このため、前進中の機甲師団は補給を受けるためには、後退するか、または終日停止せざるを得なかった。

機械化部隊を決定的な攻撃に使用する場合、敵部隊の機動の自由を制限するために、敵部隊をその場に拘束するかまたは機動力を低下させることが必須となる。このことが達成されなければ、敵後方に対する攻撃はまったくの無駄となる。

> ★注釈　フランス戦線では、マジノ・ライン（要塞）がフランス軍主力を自動的に拘束した。ロシア戦線でドイツ軍がロシア軍の拘束に失敗したのは、1941年会戦を学んでいなかったことに主たる原因がある（フランス軍を拘束する努力を必要としなかったから）。フランス軍がマジノ・ラインの建設費用を中戦車の生産に分配していたら、6,000両の中戦車を製造して20個機甲師団に装備できた。

言い方を変えると、まず敵を拘束し、この拘束行動に引き続いて、敵後方への攻撃を開始すべきである。このことから次のことが言える。

すなわち、後方連絡地域（areaであってlineではない）内で路外機動段列から補給を受けて行動する軍隊は、一定した交通路がなく、鉄道や道路に依存する段列の場合よりはるかに拘束することが困難となる。なぜならば、攻撃の決定的地点は可変で、1地点の占領ではなく、地域内で変転するからだ。

攻撃目標には、奪取により攻撃行動を防護するような目標もあるし、機動力を促進するか、または制限するような目標もある。これらは地域の場合もあれば地点の場合もある。これらの目標を占領することにより、敵の関心を引きつけ、敵に1方向だけではなく多方向に目を向けさせる。このような敵を困惑させる攻撃は陽動ではなく、敵に計画の変更を強い、敵の予備隊を消耗させる行動なのだ。

　攻撃目標は、一般的には地域目標となるが、敵部隊の側方への攻撃を考慮して選択すべきである。では側方攻撃部隊の防護はどうするのか？　もしこれに対応する手段がないのであれば、計画は変更すべきだ。繰り返すが、複数の攻撃目標は常に相互に関連を持たせ、それぞれの目標は全般計画の1段階として位置づけなければならない。

　制限のない攻撃目標は、たとえ追撃といえども、最終的には混乱におちいるだけで、おおむね間違っている。実際は、各部隊が相互支援でき再編成できるような範囲内で、攻撃目標を設定すべきである。

> ★注釈─ドイツ軍のロシア侵攻に際して、当初の戦車部隊の攻撃目標はあまりにも遠く、ドイツ軍機甲師団には拠点守備部隊と路外機動段列がなかった。攻撃の縦深は補給施設との距離が決め手となる。

　さて、ここで話題を攻撃目標から攻撃正面へと変えよう。攻撃正面は線や距離ではなく、作戦地域の縦深と幅のことをいう。縦深がなければ側方の安全は得られず、側方の安全が確保できなければ実際に攻撃する正面は弱くなる。

　機械化戦においては、攻撃正面は連続した線というよりは、

### 図1 攻撃・防御の当初の戦闘正面

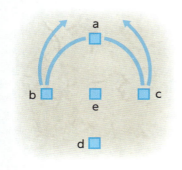

むしろ矢の先端のようなもので、全体としては半円形の三日月（みかづき）のような地域を形成する。戦況上、必要な場合は、独立した各部隊が連携して根拠地を防護する。

接敵行軍時の隊形を仮定すると、それは根拠地部隊（機動部隊以外の部隊）を中央に抱えた、開放正方形の攻撃隊形となる。4個機動グループのどの部隊でも攻撃でき、攻撃正面は攻撃を開始したグループとその左側および右側となる。

**図1**の場合、グループaが攻撃するかまたは攻撃されたとき、グループbとグループcはただちにaの攻撃翼となる。こうして、攻撃正面は2種類となる。まず攻撃命令を受けたaが攻撃正面となり、次いでbとcおよびb−a−c間の地域が攻撃正面となる。歩兵戦闘に比べると、明瞭な攻撃正面はないに等しい。

戦闘が急速に進展するとき、グループeが展開して戦闘のための根拠地を確立するまでの間は、当初の隊形の維持が重要である。根拠地が確立できるまでの間、グループdはeを防護し、その後、全体の予備隊となる。

## ✳ 攻撃における戦車

攻撃における戦車の問題は、検討の準拠となるような実戦経験がなく、これを論ずることは一筋縄ではいかない。第1次大戦では、戦車と歩兵の関係が強すぎて、当時の戦闘から学べるものはほとんどない。

終戦以来、戦車をどのように運用するかという思想は、他の思想と一緒くたになって —— 戦車と砲兵の掩護火力の関係、戦車と対戦車防護の関係、戦車と歩兵・騎兵との協力のあり方など —— どうしようもないほどの混乱に陥っている。

　このゴルディアスの結び目を解く（難事を一刀両断で解決する）唯一の方法は、戦闘に至るまでの各種の動きをできるだけシンプルにイメージし、ごく大ざっぱな戦闘計画を立ててみることだ。そこから何をしたらよいかという答えが見えてくる。

　敵接近という第1報が飛行機からもたらされ、そして飛行機と敵装甲車部隊および歩兵部隊との接触が間違いなく行われる。もしXとYが敵対する軍隊であれば、次に起きる行動は何であろうか？

　これは次のようにいえる。Xは、軽率には前方へ動かず、行動を開始する根拠となるだけの情報が得られるまでは、具体的な決断を避けるだろう。

> ★注釈　このことは、北アフリカ戦線におけるロンメルのやり方だった。

　そうこうしているうちに、装甲車部隊や歩兵部隊の小競り合いの状況が明らかになり、また陽動や相手を惑わすような行動もとられる。

　もし双方が戦闘を決意すれば —— そのようなことは滅多にないが —— 双方ともに攻撃計画を決断しなければならない。計画策定の決め手となる要素は、敵の兵力、地形の特性、根拠地の距離が近いか遠いか、などである。

　もし両者の勢力が均衡していれば、Xの目標は次のいずれかとなるであろう。

## 図2　戦車戦闘の一例

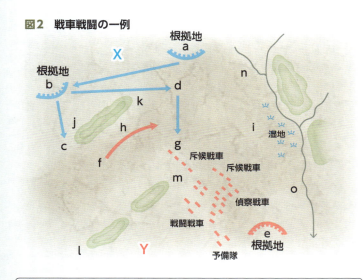

> 1. Y戦車部隊を撃破し、敵の根拠地を攻撃する
> 2. Y戦車部隊とその根拠地の間を遮断して、燃料欠乏による降伏を強要する
> 3. Y戦車部隊を現在地から後退させ、他地域へ退却させる

　Xは自軍の根拠地aから根拠地bへ移動、Yをc方向へ引き寄せるためにcに向かって攻撃する動きを見せる（陽攻）。引き続き、夜の闇にまぎれてdへ移動してY戦車部隊とその根拠地eの間にくさびを打ち込む。その目標とするところは、第2番目の「燃料欠乏による降伏を強要」することだ。

　Yは偵察部隊からの報告により、Xが根拠地を変更した情報を得、Xの動きや地域の特性からXのcへの移動を陽攻と判断、f地域に最小限の部隊を残して、主力部隊を根拠地eに後退させる。XはYが移動したことに気づかず、翌日、dからgへ向かう。

Yは敵の企図を推察し、根拠地e付近から行動を開始し、h方向からXの右側面を攻撃してXを湿地と丘陵に圧迫することを決断した。このため、Yは次のように各部隊を配置した。

偵察戦車部隊——右および後方を斥候戦車が防護——を前衛としてhに前進させる。地点fに残していた部隊を分遣隊(助攻部隊)として、前衛の左側方を行動させ、敵をfの部隊の方向に引きつける。

主力戦闘部隊は前衛の掩護下で移動し、その後方に予備隊を配置する。主力の目標は、Xが前衛の攻撃に転じたとき、Xの左側面および後部を打撃することだ。

しかしながら、Xはこのワナに引っ掛からないかもしれない。Xは、Yの前衛との遭遇時、その部隊がfから移動し、その後ろを主力部隊が続行していることは確信できず、Yがj、k、l、m地区に向かっているか、あるいは根拠地eからk、n、o、m地区に向かっているか、と判断することも考えられる。

Xは空中偵察により、敵はk、n、o、m地区に存在せず、Xの正面で戦うことを望んでいないと判断して、部隊をゆっくりと下げ、最終的には根拠地bに撤退する。かくして、若干の遭遇戦や小競り合いは起きるが、本格的な戦闘には至らない。なぜならば、XとYの両者は、ともに本格的戦闘の機会ではないと判断するから。機械化戦ではこのような場面がしばしば起きる。

★注釈　北アフリカ戦線では、このような戦車戦が多く生起した。

戦闘の一般的概説はこれくらいにして、以下、戦術の細部に目を向けよう。検討する場面は2つ、動的状態の敵および静止状態の敵に対する行動だ。

## ✲ 戦車と戦車の問題

この問題に関していえるのは、私たちは語るに足るだけの実際的な戦闘経験がないということ。したがって、これから話すことは単なる仮説にすぎない。戦車対戦車の戦闘（以下、戦車戦と略記）は通常、混戦状態となり、戦場では敵と味方を識別するのは困難である。

★注釈　このことは、1941年11月18～25日の間、英軍（カニンガム将軍）が北アフリカ軍団（ロンメル将軍）をトブルク南方で攻撃したときに、最も顕著に見られた。

問題の本質は、統制をどのように維持・継続するかである。もし斥候戦車を主力部隊の前方に配置すれば、統制はより容易となり、全体の戦闘隊形がそう簡単に崩れることはない。

とはいえ、斥候戦車同士の戦闘が起きるとき、それは防護幕が迅速に移動火線へと変化することを意味する。

- 移動火線に関する戦術理論とは？
- 主力戦闘部隊は何をすべきか？

この質問に対する答えは、戦場一帯の地形の中にある、と私は考える。地表面が完全に平らということはありえず、場所によってはかならず高低があり、それが部隊の移動を掩護してくれる。地形を移動の掩護に最大限活用すべきで、とくに停止すれば即火力発揮ができるような場所を選ぶことが重要。

言葉を変えると、攻撃戦術の大部分は、強力な移動拠点を設定することにある。これらの拠点は、慎重に準備した火力で敵の戦車を圧倒し、戦車以外の部隊を拠点に吸引する。

> ★注釈　ドイツ軍は、北アフリカとロシアで、戦車をこのように頻繁に運用した。決して忘れてはいけないのは、戦車は自走できる装甲をまとった野戦兵器だということ。

　偵察戦車、戦闘戦車および砲兵戦車で構成される部隊を想定し、この部隊がとる戦術を図3のように単純化すると、かつての騎兵と騎兵に協力する鞍馬砲兵の古い戦術を想起させる。

　敵の進出線をa付近と想定、わが部隊の配置はb1、b2およびb3が偵察戦車、cが戦闘戦車、dは砲兵戦車である。敵が前進を継続するとb1が戦闘加入、その火力掩護下にcが行動を開始し、こうして戦いは機動戦となる。この間に、dは地形の掩護とb3の防護を受けて、cが敵を圧迫しようと企図しているe（金床）へ迅速に機動する。cの機動が成功すれば、敵はeの射程圏に入り、dは砲の射撃を開始する。

　このような戦術は、当意即妙あるいは瞬時の決断から生まれ、原則というよりむしろ例外のように見えるが、このようなハンマーと金床のシンプルな機動を繰り返すと、敵の損害はますます多くなり、攻撃戦力は漸減し、他地域へ退却せざるを得なくなり、やがて追い詰められて戦力は枯渇する。

　図3の戦車戦術は、きわめて単純ではあるが、彼我の部隊はそれぞれ半ダースの部隊から構成される（全体の統制は複雑である）。このことは、努力を集中し、分散を避ける

### 図3　ハンマーと金床の機動

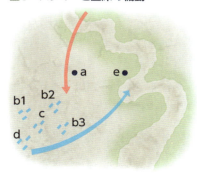

ためには統制がきわめて重要な課題であることを示唆している。

　なぜならば、彼我双方ともに、6個グループまたは大隊間の連携があり、各グループはそれぞれグループ内および隣接グループとの連携があり、それらは戦闘計画ではなく敵の行動によって影響を受けるからだ。

　1個グループ相互が敵対している場合の指揮は、空中指揮が大いに手助けとなるが、1対複数グループあるいは複数グループ相互の場合は空中指揮が不可欠である。それなくしては、たとえ戦場が極端に開けた地形であっても、敵の複数の陣地や移動を発見することは困難となるであろう。

　このような戦術の中で検証を要する点が1つある。それは、戦車は敵の戦車とどう戦うのか？　という問題だ。私が思うに、この疑問に対する究極の答えは、戦車は敵戦車と単独で戦うのではなく、戦車部隊が敵戦車部隊と戦う、ということだ。

　もちろん、戦車同士が1対1で決闘を行うことはあり得る。しかしながら、統制が効果的に行われていると、戦車同士の戦闘は原則というより、むしろ例外となろう。なぜならば、そのような戦闘が複数行われるということは、統制がすでに失われていることを示しているからだ。

　繰り返すが、戦車部隊が敵戦車部隊と交戦するとき、行き当たりばったりで射撃するのではなく、まず、識別できる場合は敵の指揮官戦車に射撃を集中すべきだ。識別できない場合は敵の指揮機関（装甲車、車両などの小グループ）に射撃を集中して、その機能を破壊し、その後、敵の戦車を射撃すればよい。

## ✳ 戦車と対戦車火器の問題

　地雷を除けば、真の対戦車火器は戦車砲と対戦車砲である。

対戦車砲には機動力はないが、プラットフォームが停止しているか、迅速な移動が可能かを除けば、正確無比な火力発揮という点では戦車砲との差異はまったくない。

> ★注釈　対戦車砲と戦車砲の違いはこのとおり。専用の対戦車砲は路外機動車両で輸送すべきであるが、その最適な射撃陣地は地形の利用にある。対戦車砲は戦車に比べると比較的小さいので、目立たずかつ隠蔽が容易である。

移動中の戦車が、開けた地形で、非装甲の対戦車砲を攻撃せざるを得なくなった場合、900mから700mの間が、最も危険な距離となる。

> ★注釈　これは1932年当時の数値である。それ以降、対戦車砲が改善されているのかどうか、私にはわからない。25ポンド砲の固定位置からの射撃は、1,400mあるいはそれ以上の距離で有効であろう。

戦車は近距離ではより大きな目標となるが、接近すればするほど戦車火力は凶暴になる。戦車が対戦車砲の射線に対して斜めに接近すれば、対戦車砲は射線の変更を余儀なくされ、迅速な射線の変更は射撃をより不正確にする。戦車が400m以内に接近すると、対戦車砲は10のうち9が機能を発揮できなくなる。

しかしながら、装甲化された敵の対戦車砲を考慮するとき、それが戦車内あるいは防弾砲塔内であれ、攻撃はさらに困難となる。なぜならば、移動目標に対する射線の変更という固有の不利点は依然として残るが、戦車の機関銃は対戦車砲の装甲板で無効化され、結果として勝ち負けが逆転する。

戦車は（装甲化された対戦車砲に）近づけば近づくほど、それが射線に対して斜めであろうとなかろうと、より多くの敵弾

■ M3-37mm
対戦車砲（米）

写真：Chitrapa

を受ける。私たちが直面するこのような問題は、戦艦が海岸要塞を攻撃する場合ときわめて類似している。

攻撃の問題は、装甲化対戦車機関銃の場合、もっと複雑になる。なぜかといえば、この兵器は比較的小さく、敵の目から隠れ、近距離から不意急襲的な集中火力を浴びせることができ、戦車の接近はほとんど失敗するであろう。

★注釈　この兵器（装甲化対戦車機関銃）は、その意図も目的も時代遅れである。

このことから次のことがいえる。対戦車砲に対する正面攻撃は、攻者を掩護できる適切な準備が整わないかぎり実行を避けるべきだ。このような準備には時間を要し、また野戦の攻撃は迅速に進展するため、準備が整うまで待つ時間はめったにない。総合的な結論は、周到に準備されている固定配置の装甲化された対戦車砲は、機動戦車の攻撃目標としては不適切ということだ。

★注釈　これは北アフリカ戦線で再三証明されている。

攻撃が正面から行われるか、または側面または背面であっても、（防御側の）戦車・装甲キューポラ内の砲・機関銃は、いかな

る攻撃にも数秒内に対応できなければならない。

　防御が機動的であればあるほど、防御地域内で機敏に陣地変換できると、防御力はますます強力となる。ゆえに、最も手ごわい対戦車兵器は戦車である。それは移動でき、装甲をまとい、動きながらでも停止しても射撃できるからだ。

## ✲ 攻撃における騎兵

　装甲車両同士の戦闘で騎兵が演じる役割はないが、騎兵という思想は機械化戦においても重要であるということを決して忘れてはならない。その理由は、機械化戦が歩兵戦を凌駕（りょうが）し、機甲部隊がかつての騎兵のような機動を可能にして、戦場を再び支配するようになったからだ。

　騎兵が優位だった時代、騎兵はしばしば独立部隊として行動した。騎兵部隊が徒歩の歩兵と協同するようになったとき、騎兵戦術は最高潮に達した。歩兵が安全な戦術根拠地を確立し、その根拠地から騎兵が機動力を発揮して攻勢的な行動をとることができるようになったから、というのがその理由だ。

　この例をアルベラの戦い（紀元前331年）のような古典的な戦争や、中世のダプリン・ムーア（Dupplin Muir）の戦い（1332年）、近世ではフレデリック大王の戦いに見ることができる。その後、戦場の覇者だった騎兵は徐々に価値を失い、ライフル銃の登場以降は、騎兵と歩兵の根拠地は急速に縁遠くなった。騎兵の乗馬攻撃力が小銃弾により著しく低下したからである。

　第1次大戦が膠着したのは、歩兵の根拠地が持続的な機動力を生み出せなかったからだ。第1次大戦は根拠地を防護するだけの戦争だった。塹壕戦や包囲戦がすべてに最優先され、歩兵の根拠地から騎兵の機動力が生まれる余地はなく、砲兵の根拠

□ **時代の変化を象徴する光景**
第2次大戦参加前の1941年、米軍の機動演習において、騎兵部隊の縦列をやり過ごす軽戦車　写真：米陸軍

地から歩兵の機動力が生まれることもなかった。

このような戦術の変更は失敗だった。なぜならば、歩兵が現代のライフル銃および機関銃弾に抗して前進することは、騎兵が4分の3世紀以前のマスケット銃や大砲の散弾に耐えて前進すること以上に、もはや可能性がなくなったからである。この問題を解決するために必要なのは馬と騎乗兵の防弾措置であり、この問題に対する答えが戦車だった。

騎兵戦術が歴史的にも正当に評価され、かつそれが最高潮に達したのは、騎兵の機動力と歩兵の防護力がうまく結びついたからだ。私は、戦車部隊と拠点守備部隊、すなわち戦車の行動と戦車以外の行動を一体として運用することを提唱し、両者が戦闘におけるハンマーと金床 ── 相互に補完し合う道具 ──を形成することを期待するものだ。

戦車という思想の後継者にふさわしいのは騎兵の兵士たちだ。今日の戦車思想は昨日の騎兵思想であるから。

## ✳ 攻撃における工兵

機械化戦における工兵はあらゆる意味で戦闘員そのものであり、戦車部隊以外の組織の最も重要な構成要素の1つである。

★**注釈**　これは本戦争の最も傑出した教訓の1つだ。

工兵が対戦車防御で計画すべきことは、障害の掘開(くっかい)、地雷原の敷設、橋梁の建設または破壊、対ガス防御の確立などである。

　工兵が将来戦でこのような各種任務を遂行するためには、工兵が戦車壕掘開装置、地雷敷設装置、地雷処理または爆破装置、架橋装置などを装備することが必須。さらに戦車同様に、有毒ガス・煙幕、糜爛(びらん)性化学剤で汚染された地域から遮蔽できる装備が必要。

> ★注釈　地雷処理装置は本戦争でも使用されているが、成功しているとはいえないようだ。1942年10月23日、モントゴメリー将軍が適量の機能良好な地雷原処理装置を保有していたならば、ロンメル将軍のエル・アラメイン地雷原を12時間で突破できたであろう。現実は、歩兵が地雷を掘り起こして前方へ進出するのに12日間も要したのだ。

　1918年時点で、他の特殊装置はもとより架橋戦車とガス発生戦車は、完成するかまたは製作中だった。しかるに、私が承知しているかぎりでは、これらは現戦争で活用されていない。独創的な装置は攻撃タイプに集中しているように思われる。だが、私の見解は異なる。特殊かつ非戦闘用の装置が奇襲のためには重要だ。

## ✳ 攻撃における飛行機

　攻撃において機械化部隊と協同作戦する飛行機には3つの目標がある。

1. 敵航空部隊を撃滅するか、または遠隔地の重要軍事センターを攻撃して敵航空部隊を戦場から追い出し、局地的制空権を獲得すること
2. 敵の位置を偵察し、接触を維持し、移動を監視して、それらを速やかに報告することにより情報を獲得すること

3.（予想戦場）地域の綿密な偵察により攻撃部隊を防護すること

これにより、敵の砲兵および対戦車火器の細部位置の発見が期待できる。

航空行動のための戦術根拠地は、時間を節約し、最大の情報が得られるように、遠隔地の飛行場ではなく地上部隊の根拠地内に設定する。（このような根拠地の設定により）上空の飛行機と地上の機械化部隊との緊密な協力が可能となる。

★注釈　クレタ島の喪失は、このような共同作戦を欠いたことが主な原因。

根拠地に飛行機の発着場を整備し、同時に防空部隊を配置することが不可欠だ。根拠地は敵飛行機の攻撃を受けることが予想され、防空部隊を配置しなければ、飛行機を防護する根拠地としての役割が果たせない。

このことから次のようにいえる。すなわち、すべての部隊が効果的に連携するためには、航空部隊と防空部隊が協力するだけではなく、これら両部隊と野戦軍が1人の指揮官の下にあるべきということ —— Tria juncta in uno（「3つを1つに」。ラテン語の格言）。

## ✴ 攻撃における歩兵（要旨）

私は、現在の歩兵が機械化戦で果たす役割はない、ということをすでに指摘している。今日の歩兵に求められているのは以下の3点である。

1. 対戦車火器を装備し、路外機動車両で移動して、野外工兵（field pioneer）として占領部隊の防御態勢を確立する

2. 機関銃、ライフル銃、および可能な場合は非殺傷性化学剤を装備し、野外警察（field police）として征服地および領土を占領し、組織（秩序を維持）する
3. 軽機関銃およびライフル銃を装備し、軽歩兵として戦車の移動に不向きな地域、すなわち森林、山岳などで行動する

## ✷ 攻撃における砲兵（要旨）

　特殊砲兵戦車（special artillery tank）というアイディアは適切な呼称ではなく、戦車はすべて砲兵である。砲兵戦車も戦車もともに装甲で覆われた砲を搭載し、砲のタイプが異なるだけだ。砲の用途は2つのカテゴリーに分類される──つまり直接戦闘と間接戦闘に。

　砲兵の運用は、現在では集中運用が原則だが、機械化戦では分散運用が原則となる。それは、かつてのマスケット銃の集中運用がライフル銃の分散運用に取って代わられたのと同じだ。

**▢ 旧日本陸軍の1式砲戦車**

90式野砲（75mm）を搭載。昭和19（1944）年に生産され、フィリピン、硫黄島、沖縄戦で活躍した。写真はアバディーン兵器博物館で撮影したもの

# ナポレオンの箴言に学ぶ②

> 軍隊の戦力は、機械学における運動量と同様、質量と速度の相乗積である。迅速な行軍により軍隊の士気が高まり、あらゆる勝利の機会が増える。――第9箴言
>
> **出典**：William E.Cairnes／編『NAPOLEON'S MILITARY MAXIMS』

**運動エネルギー**は $K = \frac{1}{2}mv^2$ の数式で表されます。$m$ は軍隊の質量、$v$ は移動速度です。ナポレオンは移動速度に2乗の価値があることに目をつけ、これを最大限に活用しました。ナポレオン戦争は $v^2$ をひたすら追求した軌跡です。内線作戦により最短距離を最速で移動し、決勝点に最大戦力を集中して、敵野戦軍の撃滅を目指したのが、ナポレオンの一貫した戦い方でした。

PRINCIPLE

# 第3章
# 実戦へ適用された機動戦理論

「ソ」軍の機械化は、鉄道端末より700kmを隔つる広漠不毛地において連続2箇月にわたる攻防会戦を遂行せしめ、また、我が包囲迂回の企図を察知後1昼夜を要せずして、後方100kmに待機せる機甲兵団を戦場に移動し戦闘に参加せしめて、もって我が企図遂行を妨害せり。　　ノモンハン事件合同研究委員会『研究報告』

## 3.1 電撃戦の衝撃①
### ハインツ・グデーリアン将軍

> 「戦略的麻痺化の理論(「Plan 1919」の原題)を実証したのは1888年生まれのハインツ・グデーリアン将軍だった。将軍は、第1次大戦後、戦車および戦車戦術に関する英文の書物と論文を読破して、ドゴール将軍同様、機甲戦に深く関心を抱くようになった」
> 『The Conduct of War 1789-1961』

既述のように(**1.11**)、1918年3月の西部戦線におけるドイツ軍浸透作戦がフラーに戦略的麻痺化の理論を確定させました。

参謀としてドイツ軍浸透作戦に関係していたグデーリアンもこの実態を現場で目撃しています。つまり、**フラーとグデーリアンは、偶然にも同じ戦場で同時に、戦術に画期をもたらすヒントを共用していた**のです。

ハインツ・グデーリアン将軍が読破した「戦車および戦車戦術に関する英文の書物と論文」とは、J.F.C.フラーの著作のことです。

グデーリアンは、フラーの理論を咀嚼(細部まで理解)して独自の機甲戦理論へと昇華、機甲師団(Panzer Division)を創設し、実戦で指揮したのです。

フラーは、歯に衣着せない辛辣な物言いで知られますが、グデーリアンも似たような性格でした。この2人にはともに異端者的な風貌があり、同じ軍人として、案外、馬が合っていたのではないでしょうか。

第1次大戦後、ドイツはベルサイユ条約により参謀本部や戦車など主要装備の保持が禁止され、この制限下で、グデーリア

ンのような機械化による国防軍の近代化を目指す動きが地下水のようにひそかに進められていました。

1922年から1927年の間、グデーリアンは交通兵監部に所属し（大尉～少佐）、機械化部隊の研究に専念（学究的世界に没頭）する機会を得て、ドイツ軍内で戦車の第一人者として自他ともに許す存在となりました。

ハインツ・グデーリアン将軍
写真：Bridgeman Images／時事通信フォト

グデーリアンは、機甲部隊の指揮に不可欠な無線通信の実務経験を有し（第1次大戦で通信部隊に勤務）、交通兵監部で兵站業務に通暁し、1930年には自動車輸送大隊（擬似機甲部隊）指揮官として、機動部隊運用・指揮の経験を積んでいます。つまり、**グデーリアンは、理論だけではなく実地においても、名実ともに機甲戦のエキスパートといえる存在**です。

ドイツは1935年に徴兵令を発布して、ベルサイユ条約の規制から脱します。ドイツ軍はただちに3個機甲師団を創設し、その中心にいたのがグデーリアンです。

ただし、ドイツ軍でも他国軍同様に、伝統を誇る歩兵や騎兵との確執があり、グデーリアンたち機械化軍隊推進グループは、いわばアウトサイダーとして悪戦苦闘の連続でした。

## 3.2 電撃戦の衝撃 ②
### ドイツ国防軍機甲師団の誕生

　グデーリアンは1930年に、**第3プロシア自動車輸送大隊**の指揮官として着任します。ベルサイユ条約の制限下という現実があり、自動車輸送大隊とは世を忍ぶ仮の姿で、実体は将来の機甲師団を見据えた実験部隊でした。

　グデーリアン大隊長は、模擬戦車や木製対戦車砲を使用しながら、攻撃、防御、退却（後退行動）、側面攻撃、歩兵・騎兵との協同、砲兵・飛行機との協同などあらゆることをやり、部隊実験とともに、将来の機甲師団の要員を養成しました。

　グデーリアンが構想した機甲師団は、戦車、装甲車、車載歩兵、砲兵、工兵など均衡のとれた部隊を持つ組織です。これはグデーリアンの独創ではなく、英国やフランスの戦車推進論者の提案や、英軍が行った機械化部隊の実験（1927年）などの教訓を取り入れた結果です。

　1935年に創設された機甲師団の編成は右図のような組織です。**戦車中隊は32両の軽戦車を装備し**、師団で2個戦車連隊、4個戦車大隊、16個戦車中隊という編成で、**師団が保有する戦車の合計数は561両**となります。

　ただし、戦車中隊32両というのは運用上も現実的ではなく、その後22両または19両となり、師団全体でも324両または228両へと現実的な数値に落ち着いています。

　戦車は機関銃搭載のⅠ号戦車（PzKpfwⅠ軽戦車）が大部分で、Ⅱ号戦車は少数が装備開始、Ⅲ号・Ⅳ号戦車は生産中でした（発足当初の機甲師団は紙上の構想が実体）。グデーリアンは第2機甲師団長に補職されました。

第1次大戦後のドイツ軍はベルサイユ条約で、10万の軍隊と4,000人の将校に制限されましたが、**フォン・ゼークト将軍**（旧ドイツ軍最後の参謀総長で、敗戦後は国防軍統帥部長官）は40,000人の下士官に士官候補生の教育をほどこして、有事にはただちに将校として使えるようにしたのです。

また、参謀本部の保持が禁止されたので、国防省の軍務局を実質的な参謀本部に変えて、モルトケが確立した伝統的な参謀将校の質と精神を維持することに腐心しました。

ゼークト将軍は、ベルサイユ条約の裏をかいて、知恵を巡らせ、一朝事があれば10万の何倍、何十倍もの軍隊を再建できるようにしたのです。グデーリアンはゼークトが目を掛けた後進の1人でした。

## ■ 最初の機甲師団の編成（1935年10月）

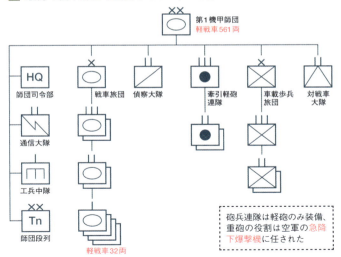

## PRINCIPLE 3.3 電撃戦の衝撃 ③
### 西方戦線における「ブリツクリーク」

> 「1940年5月、機甲部隊と車両化部隊を集中的に投入して遂行されたドイツ軍によるベルギー領アルデンヌ森林地帯の突破、フランス領ドーヴァー海峡沿岸までの侵攻作戦は、ポーランド戦とは違って、戦史上これこそが唯一の本当の電撃戦の例として残っている」レイ・デイトン/著、喜多迅鷹/訳『電撃戦』(早川書房)

5月10日の侵攻から、6月17日の**フランス降伏まで約5週間**。ドイツ軍が英仏連合軍より劣勢の戦車で、フランスという大国を占領できたのはなぜでしょうか?

その答えを一語で要約すれば、グデーリアンが創出した**ブリツクリーク(電撃戦)**という機動戦にフランス軍が対応できなかった、ということに尽きます。フランス軍は戦場で奇襲され、対応の暇すらなく敗れたのです。

フランス軍は、ドイツ軍の奇襲 —— アルデンヌ森林地帯の突破、機甲部隊と車両化部隊の集中運用とスピード —— に指揮系統が分断され、混乱し、指揮機能が完全に麻痺して、野戦軍の統一運用ができなかったのです。**ドイツ軍による「Plan 1919」の再現**でした。

第1次大戦後、フラーやドゴールのような戦車推進論者の提言を無視し、マジノ線のような固定的防御施設に固執した代償ともいえます。固定戦という古い思想が、機動戦という新しい思想に敗北したのです。

グデーリアンは、自著『ACHTUNG-PANZER!』の中で、**戦

**車戦成功の3条件**として、**奇襲**、**集中運用**、**地形**を挙げています。ドイツ軍の3個機甲軍団／A軍集団は、急降下爆撃と緊密に協同して、5月13日から15日にかけてミューズ河を渡河、戦車の運用に最適な北フランスに、なだれ込んだのです。グデーリアンは第19機甲軍団を指揮して電撃戦の真っただ中にいました。

　第2次大戦の西方戦線におけるドイツ軍の電撃戦は、フラーが種をまき、一番弟子のグデーリアンが開花させた、戦史上の金字塔です。

　なお、短期決戦の西方戦線では露呈しませんでしたが、ドイツの自動車産業の後進性は、バルバロッサ作戦で兵站上の深刻な問題として顕在化しました。このことは『補給戦』（マーチン・ファン・クレフェルト／著、佐藤佐三郎／訳、中央公論新社、2006年）に実態が詳述されています。

## ■ ドイツ軍の北フランス侵攻

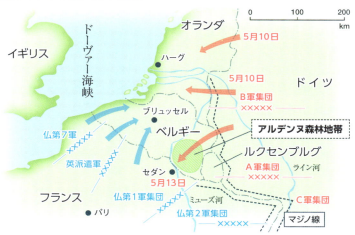

グデーリアンの機甲軍団は、ドーヴァー海峡に向かって猛進、英仏軍の後方連絡線を完璧に分断し破壊した
参考：ケネス・マクセイ／著、加登川幸太郎／訳『ドイツ機甲師団』（サンケイ出版、1985年）

## 3.4 電撃戦の衝撃 ④
### J.F.C.フラーとアドルフ・ヒトラー

　1939年4月30日、ナチスドイツの首府ベルリンにおいて、アドルフ・ヒトラーの50歳の誕生日を祝賀する軍事パレードが盛大に挙行され、招待者の中に、J.F.C.フラー英陸軍退役少将の姿が見られました。

　フラーは、(かつて自分が提唱した)完全に機械化され自動車化された軍隊(機甲部隊)が、列を組み、轟音を立てて目の前を通り過ぎるのを、感慨深げに見守っていました。

　そのとき、ヒトラーが振り向いて、

　「将軍、子供たち(機械化部隊)の成長ぶりはいかがですかな、ご覧のとおりです」

　と声をかけると、フラーはすかさず、

　「閣下、子供たちは、かくもすみやかに成長し、もはや立派な大人になりました」

　と応じています。先覚者、予言者は受け入れられるよりも、むしろ排斥されることのほうが多いのです。**自分の夢が、かつての敵国ドイツで実現したことを目の当たりにしたフラーの胸中はいかがであったか……**。

　この日パレードに参加した機甲部隊が、9月にポーランドへ侵攻、翌1940年5月には西部戦線であざやかな電撃戦により、わずか5週間でフランスを降伏させたのです。

　フラーは、1961年に米国で出版した『The Conduct of War 1789-1961』で、戦術理論家としてのヒトラーを、政治家として抜け目がなかったのと同様に、先を見通す能力に長けていた、と評価しています。

ヒトラーは、第1次大戦を詳細に検証して戦術的な教訓を引き出し、これらを将来の計画に生かして彼の欲する軍事力を構築したのです。フラーは「1939年の時点で、ドイツ軍が他国の軍隊より優れていたのは、数的な優越でもなく兵器や装備でもなく、その戦術であり、その実行を参謀本部に強要したことである」と論じています。

　これは周知の事実ですが、ドイツで機甲師団が誕生し、戦車の集中運用が可能になったのは、ヒトラーのトップダウンによる鶴の一声があったからです。

　フラーに対する評価は、今日でも高いとはいえません。ヒトラーとの関係 —— 政治的な関係ではなく軍事理論の分野 —— がその背景にあるのでは、と推察されます。残念ながら、わが国ではフラーはほとんど顧みられることがない、といっても過言ではありません。

## ■ ドイツ軍機甲部隊のパレード

写真：dpa/時事通信フォト

## 3.5 砂漠の狐

### 砂漠戦を陣頭指揮したロンメル将軍

　**砂漠の狐**とは、英軍将兵が敵将エルヴィン・ロンメルにささげた、愛憎と畏敬(いけい)の念を込めたニックネームです。ロンメルは、フラーの機動戦理論を北アフリカ戦線の実戦に適用し、通用することを証明したのです。

　『講義録・野外要務令第Ⅲ部』の初版は1932年に刊行され、第2次大戦勃発(ぼっぱつ)2年後の1943年、フラー自身が旧版の各条に注釈を加筆し、『機甲戦(Armored Warfare)』と改題して米国で再出版されたのは前述のとおりです。

　フラーの注釈は150カ所あまりにもおよび、そのうちの40カ所（約26％）が北アフリカ戦線におけるロンメル将軍のアフリカ軍団です。

　ロンメルがフラーの書物を読んでいたかどうかは定かではありませんが、ロンメルはフラーの理論**が戦場で立派に通用することを見事に証明**したのです。

　フラーの理論の特

英軍将兵に「砂漠の狐」と呼ばれたロンメル将軍
写真：dpa/時事通信フォト

色の1つに「攻防一体化」（攻撃と防御を一体の行動としてとらえる）があります。これは、攻撃部隊は可能な場合にはいつでもその地域で戦闘し、それがうまくいかない場合には、対戦車拠点または周囲を戦車障害で固めた防御陣地に退却できる準備をしておく、ということです（**2.7**参照）。

> 「1942年5〜6月、ロンメルは英軍のナイツブリッジ針ネズミ陣地への攻撃に失敗した後、対戦車砲とガザラの英軍地雷原に啓開した補給路で構成する大釜陣地に退却した。10月、ロンメルはいわゆるエル・アラメイン陣地 —— 地中海からカッターラ凹地までの間 —— を占領したが、その後方の陣地は200マイル西のソラムだった。彼の防御陣地はきわめて強化されており、地雷の半分を陣地の前面に、残り半分を陣地の後方40〜50マイルに敷設した。正面を突破されたときは、後方ラインまで遅滞戦闘を行い、その後ソラムまで退却する計画だった」　　　　　　　　　　　『Armored Warfare』

**機動戦では指揮官の位置が重要**です。フラーは「機械化部隊の指揮官は、すべからく戦車に搭乗すべし。決して数マイル後方の床几に腰掛けて指揮してはいけない」と断言しています。ロンメル将軍は、常に最前線で、指揮車で寝起きしながら将兵と進退をともにし、機甲部隊指揮官として範を示しています。

師団長・軍団長としてのロンメルは、部隊を直接指揮できる戦域で卓越した機動戦闘を演出して、機甲戦の教科書となったのです。ロンメルは燃料・弾薬の補給限界 —— トリポリから約1,000kmの長大な後方連絡線 —— を超えて大胆な作戦を強引に指導し、またそれゆえに攻撃衝力が尽きて敗れざるを得なかった、といえます。

# 「Red Army」の衝撃①

## 「赤いナポレオン」と呼ばれたトハチェフスキー

**2.2**で記したように、フラーの『講義録・野外要務令第Ⅲ部』が1932年に刊行されるや、**ソ連赤軍（Red Army）は、本書を3万部コピーしてソ連赤軍全将校の必読書に指定**し、後に、10万部まで増刷しています。

ソ連赤軍のドクトリンとして、今日なお影響力のある**縦深突破理論（Deep Penetration Theory）**を構想し、具体化したのは、赤いナポレオンと呼ばれたミハイル・トハチェフスキー将軍です。

縦深突破理論は一朝一夕（いっちょういっせき）の成果物ではありません。第1次大戦（1914～1918年）およびロシア・ポーランド戦争（1920年代）以降、ソ連赤軍の機械化・近代化の動きがあり、これを理論、編成、装備、訓練などで全面的に主導したのがトハチェフスキーです。

ソ連赤軍は1930年に縦深突破理論を公式に採用し、同年5月に機械化旅団を、2年後の1932年に機械化軍団を編成します。翌1933年には**『試案・縦深攻撃のための組織』というタイトルのマニュアルを作成**しています。

1936年、ソ連赤軍は**ベラルーシおよびモスクワ軍管区で大規模な演習を実施**しました。演習の目的は、機械化部隊と空軍ならびに機械化部隊と歩兵師団・騎兵師団との協同の実験です。この演習の注目点は、空地部隊――落下傘部隊、選抜された空輸軽装甲部隊――を敵後方地域に降着させて敵予備隊を拘束し、地上部隊による完全な包囲を試みたことです。

このことは、トハチェフスキーの縦深突破理論がすでに実戦の段階に達していることを示しています。ドイツのグデーリアン将軍は、1937年に刊行された著書『ACHTUNG-PANZER！』で

この演習を取り上げ、大きな関心を寄せています。

　縦深突破理論は、**1936年版『赤軍野外教令』**として結実します（**3.8**参照）。トハチェフスキーは兵器総監、参謀総長など赤軍中枢の要職を歴任して赤軍の機械化・近代化を大車輪で進め、1935年に赤軍元帥に叙されています。

　しかし、大功労者であるトハチェフスキー元帥は、1937年に始まったスターリンの大規模な粛清により逮捕され、処刑されました。スターリンの赤軍粛清で3万6,000人あまりの将校が処刑、投獄、解任され、旅団長以上の700人の中で残ったのは約300人といわれます。粛清は1941年のドイツ軍の侵攻（バルバロッサ作戦）に際して、深刻な影響を与えました。

1935年に撮影された
トハチェフスキー元帥
写真：SPUTNIK/時事通信フォト

## 3.7 「Red Army」の衝撃②

### 「縦深突破理論」は伝統的な攻撃重視の理論

ソ連赤軍の攻撃重視は、ツァー軍隊（帝政時代の軍隊）の攻撃思想が原点です。ロシアの内戦やロシア・ポーランド戦争で活躍したコサック騎兵の攻撃思想は、トハチェフスキーの縦深突破理論に色濃く反映されています。縦深突破理論は次のように簡潔に要約できます。

まず、同時に多数の地点から攻撃して、敵上級指揮官の指揮活動を混乱させ、その結果、予備隊を投入すべき突破の焦点となる地域の特定を困難にします。

突破口の形成に引き続き、機動部隊を迅速にかつ敵中深く投入して敵の後方を打撃し、指揮・統制の中枢を破壊、補給および増援を遮断し、敵全体を混乱状態に陥れて、最終的に戦略目標を達成します。

このような広正面かつ大縦深にわたる戦闘を行うためには、**コンバインド・アームズ（諸兵科から成る部隊）の緊密な協同**が不可欠です。敵の第一線部隊を拘束する歩兵師団、敵後方に侵入する機動部隊（装甲化部隊・打撃部隊）が主役ですが、これらと一体となった重砲兵の集中射撃および空軍の戦術航空攻撃も重要な要素です。

縦深突破理論はフラーの「Plan 1919」を彷彿させます。「Plan 1919」は戦車と飛行機が主役でしたが、縦深突破理論は戦車、歩兵、騎兵、砲兵、工兵、飛行機が一体となったコンバインド・アームズが主役です。

第1次大戦後、英仏などで戦車の役割を「歩兵直協か、単独運用か」という二者択一の論争がありました。ソ連赤軍では戦車

に両方の役割を担わせています。

　ソ連赤軍の戦車には**歩兵直協戦車**（T-26軽戦車、45mm砲または機関銃×2）、**歩兵支援戦車**（T-28中戦車、75mm砲）、**遠距離行動戦車**（BTシリーズ、45mm砲）の3タイプがあり、二者択一という矮小化（わいしょうか）した論争などはなく、すべてを飲み込んだスケールの大きなものです。歩兵も自動車化あるいは機械化し、砲兵も自走砲へと進化しています。

　縦深突破理論にもとづく赤軍の自動車化・機械化は、スターリンの赤軍粛清により一時頓挫（とんざ）するも、1941年のドイツ軍の侵攻を契機として復活し、さらにダイナミックに推進されて、第2次大戦におけるソ連軍勝利の原動力になります。

## ☐ BT-5高速戦車

クリスティー型BT戦車シリーズは、400kmの行動距離、高速走行（装輪110km/h、キャタピラ40km/h）、1930年代最強の火力（45mm対戦車砲）が特色で、縦深突破理論の「申し子」といえる遠距離行動戦車　　　　　　　　　　　　　　　　　　　　　　　　　　　　写真：Андрей!

## PRINCIPLE 3.8 「Red Army」の衝撃③
### 実戦マニュアル『赤軍野外教令』(1936年版)

　縦深突破理論をマニュアルとして具体化したものが、**1936年版『赤軍野外教令』**です。『赤軍野外教令』は戦術原則書ではなく、国防人民委員会命令として発布(1936年12月20日)され、赤軍に実行を命じたドクトリン(教義)です。

　第1章「綱領」の冒頭に「労農赤軍の任務は労働者農民の社会主義国家を防衛することである。したがって赤軍はいかなる場合においてもソビエト社会主義共和国連邦の国境および独立の不可侵権を保全しなければならない」と明記しています。

　フラーの『講義録・野外要務令第Ⅲ部』は純粋な戦術理論書ですが、『赤軍野外教令』は実戦のための指令書です。純戦術的な観点から評価すれば、『赤軍野外教令』がフラーの「Plan 1919」や講義録を咀嚼して、その内容を全面的に展開していることは間違いありません。

　『赤軍野外教令』は13章、385項目から構成され、B5サイズで200ページあまり(翻訳された『偕行社特報』)の教義書です。内容的には**フラーが提唱した機動戦理論の1つの到達点**といっても過言ではありません(右図参照)。

　本書には全縦深同時打撃、包囲殲滅戦、火力重視、装甲機動力の発揮、空地協同など近代的機動戦の全体像が描かれています。ただし、敵を完膚なきまでに殲滅するという思想は、フラーの戦争観(**2.3**参照)と決定的に異なっています。

　日本陸軍はノモンハン事件の2年前(1937年)に本書を翻訳し、『偕行社特報』として刊行していますが、統帥部がこれを真剣に学んだ形跡はありません。

## ■『赤軍野外教令』(1936年版)の目次

| ソ連邦国防人民委員会命令 | | | |
|---|---|---|---|
| 第1章 | 綱　領 | | 1 |
| 第2章 | 捜索および警戒 | その1 | 捜　索 | 12 |
| | | その2 | 警　戒 | 20 |
| | | その3 | 対空防御 | 21 |
| | | その4 | 対化学防御 | 29 |
| | | その5 | 対戦車防御 | 31 |
| 第3章 | 後方勤務 | その1 | 後方機関 | 37 |
| | | その2 | 補給勤務 | 40 |
| | | その3 | 衛生勤務 | 41 |
| | | その4 | 人員の補充 | 42 |
| | | その5 | 俘虜の取り扱い | 42 |
| | | その6 | 獣医勤務 | 42 |
| 第4章 | 政治作業 | | 46 |
| 第5章 | 戦闘指揮の原則 | | 68 |
| 第6章 | 遭遇戦 | | 78 |
| 第7章 | 攻　撃 | その1 | 行軍より行う攻撃 | 82 |
| | | その2 | 対峙状態より行う攻撃 | 105 |
| | | その3 | 築城地域に対する攻撃 | 107 |
| | | その4 | 河川を渡河して行う攻撃 | 107 |
| 第8章 | 防　御 | | 138 |
| 第9章 | 夜間行動 | | 113 |
| 第10章 | 冬季行動 | | 144 |
| 第11章 | 特殊の状況における行動 | その1 | 山地における行動 | 149 |
| | | その2 | 森林における行動 | 155 |
| | | その3 | 砂漠における行動 | 153 |
| | | その4 | 住民地戦闘 | 160 |
| | | その5 | 艦隊との行動 | 162 |
| 第12章 | 軍隊の移動 | その1 | 行　軍 | 166 |
| | | その2 | 行軍間の警戒 | 174 |
| | | その3 | 自動車輸送 | 178 |
| 第13章 | 宿営ならびに宿営地の警戒 | その1 | 配　宿 | 184 |
| | | その2 | 前　哨 | 188 |

出典:『偕行社特報』(昭和12年7月、第25号、陸軍許可済)

## 3.9 「Red Army」の衝撃 ④

### ノモンハン事件（1939年）の8月攻勢

　ソ連軍は、『赤軍野外教令』発布3年後の1939（昭和14）年8月、**ノモンハン事件の8月攻勢**（右図参照）で、縦深突破理論を実戦の場で鮮やかに実行しました。

　8月20日、ソ連軍は両翼包囲による一大攻勢に転じ、広正面で防御陣地を占領する日本軍を全正面から同時に攻撃しました。日本軍の防御正面は約37km、これに対してソ連軍は74kmにわたって広く展開し、教令どおりの殲滅戦を遂行したのです。

　ソ連軍の参加兵力は57,000人、火砲・迫撃砲542門、戦車498両、装甲車385両で、兵員数は日本軍の3倍、火砲・迫撃砲は性能、弾薬量を含めて圧倒的な優位、戦車・装甲車は日本軍がゼロなので、比較にすらなりません。彼らは3カ月間かけて戦力を集中し、必勝の態勢で攻勢に出たのです。

> 「ハルハ河の戦闘の経験は、その後、大祖国戦争時（独ソ戦）の作戦のような、より規模の大きなスケールにおいてその正しさが確認されることになるのであるが、それが示しているのは、戦車と航空機が、近代的な軍隊の前に、作戦にとって巨大な可能性を開いているということである」
> シーシキン他/著、田中克彦/訳『ノモンハンの戦い』（岩波書店、2006年）

　フラーは「馬と足の軍隊」から「機械化軍隊」への脱却を一貫して主張しました。**ノモンハン事件は馬と足の日本陸軍が近代的な機械化されたソ連赤軍に完敗した典型例**です。ちなみに日本軍は11,887頭の馬匹を参加させています。

第3章 戦いには不変の原則がある

## ■ ソ連軍の攻勢計画（1939年8月）

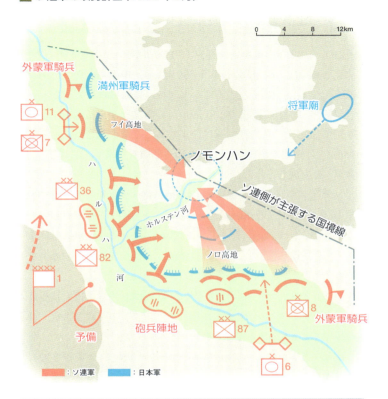

ノモンハン事件は、第1次大戦の欧州戦場を経験しなかった日本陸軍にとって初めての近代戦。欧州の2流陸軍として軽視していたソ連軍が火力重視、装甲機動力の発揮、空地協同および近代的戦術によって戦ったことは、日本軍の予想をはるかに超えていた。ノモンハン事件は、「馬と足の軍隊では近代戦を戦えない」という痛烈な警鐘だった。だが、日本陸軍は体質改善のいとますらなく、2年後に太平洋戦争へ突入した。

参考：シーシキン他/著、田中克彦/訳『ノモンハンの戦い』（岩波書店、2006年）

# 「Red Army」の衝撃 ⑤

## 3.10 第2次大戦の掉尾(ちょうび)を飾る満州侵攻

1945年8月9日未明、ソ連軍(80個師団超、兵員約150万人、大砲2,600門、戦車・装甲車5,600両)が、中立条約を一方的に破棄して、4,400kmの広正面から同時に奇襲侵攻しました。

ソ連軍は、国境の後方20～80kmの集結地から接敵行軍により国境を越え、各突進縦隊は停止することなく前進軸に沿って突進、約1週間で約500～950kmの長距離を突破して日本軍(関東軍)を圧倒しました。

ソ連軍戦車は**BT-7軽戦車(45mm砲)**と新鋭の**T-34中戦車(76mm砲、85mm砲)**。関東軍には4個戦車連隊が存在しましたが、いずれの部隊も旧式戦車(97式中戦車、95式軽戦車など)を装備しており、数的・性能的に、はなから戦闘になりませんでした。

「Plan 1919」から四半世紀後のソ連軍の満州侵攻は、機動戦の総仕上げともいうべき巨大なスケールで、まさに第2次大戦の掉尾(最後)を飾るにふさわしいものでした。

とはいえ、ソ連の根本的な戦争目的は「決定的な戦勝を獲得して敵国を完全に撃滅する」ことであり、フラーが理想とした、中世の文明的な制限戦争とは本質的に異なっていました。その戦争観は突然変異した鬼子を想起させます。

ソ連軍攻勢の中核は**親衛第6戦車軍**です。3個戦車軍団を基幹とした戦車・自走砲1,019両、装甲車両188両、砲迫1,150門、ロケット砲43門、自動車6,500台という戦力です。タムスクから大興安嶺を越え、10日後に奉天－長春の線に達しています。

※ 数字は、加登川幸太郎/著『帝国陸軍機甲部隊』(白金書房、1974年)による。

## ◼ ソ連軍の満州侵攻(1945年8月)

作戦レベルにおける接敵行軍(movement to contact)の典型例。各突進縦隊は無停止攻撃で突進を継続した

参考:FM3-90『TACTICS』

## ◼ T-34/85中戦車

当初は76mm砲、後に85mm砲を搭載した。オールラウンドでバランスがとれており、第2次大戦で最も優れた戦車である。写真はアバディーン兵器博物館で撮影したもの

# 『赤軍野外教令』
## (1936年版の抜粋)

『偕行社特報』(昭和12年7月、第25号)

※ 文言などは一部現代風に改め、読みやすいようにしている。

　赤軍の戦闘行動は殲滅戦(せんめつせん)の遂行を原則とする。決定的な戦勝を獲得して敵国を完全に撃滅することがソ連邦の根本的な戦争目的である。

　この目的を達成する唯一の手段は戦闘であり、戦闘は、

(イ)敵の活動兵力および物質的資材を完全に撃滅して
(ロ)敵の士気および抵抗力を挫折

させることにある。

　戦闘は攻撃・防御を問わず勝利の獲得が目的であり、敵の兵力資材を完全に撃滅できるのは、重点方面における断固たる攻撃と、その成果を完成する徹底的な追撃による。

　常に敵を求めてこれを撃破しようとする闘志は労農赤軍幹部および赤兵を通ずる各個訓練ならびに戦闘行動の主眼であり、とくに命令の有無にかかわらず、敵を発見した場合、随時随所に直ちに猛烈果敢な攻撃を行わなければならない。

—— 第1章「綱領」第2

＊　　＊　　＊

　各兵種の運用はそれぞれの特性に応じてその特長を発揮させ

ることを根本とする。各兵種の使用に際しては、その能力が最高度に発揚できるよう、他兵種との緊密な協同が重要である。

歩兵は砲兵および戦車と密接に協同して、攻撃においてはその断固たる行動により、防御においてはその頑強なる持久力により戦闘に決を与える。したがって、歩兵と協同する兵種はその目的が達成できるように、攻撃においては前進を支援し、防御においては頑強性の確保に寄与しなければならない。(中略)

戦車は機動性大にして強大な火力と偉大な打撃力とを具備する。この特性を遺憾なく発揮するためには、器材の技術的な使用限界と乗員の体力的な活動限界とを考慮し、なおかつ補給および整備の状況に配慮することが不可欠である。(中略)

戦車の使用は必ず集団的に行うべきである。(中略)

機械化兵団は戦車、自走砲兵および車載歩兵より成り、独立的にあるいは他兵種と協同して独立任務を遂行することができる。その特性は高度の機動力と強大な火力と偉大な打撃力とを備えている点にある。

機械化兵団の戦闘の主体を成すのは戦車の襲撃であり、戦車の襲撃は必ず組織的な砲兵火力の支援をともなわなければならない。機械化兵団の機動および戦闘は、一般的に、飛行機の支援の下に実施することが肝要である。(中略)

飛行兵団は独立作戦に任ずるほか、一般兵団と戦略的または戦術的に密接に連携しながら行動し、次のような任務に服する。

(イ)行軍縦隊、密集する兵力、集積資材および各種輸送機関の破砕(襲撃及び軽爆隊)
(ロ)橋梁の破壊(爆撃隊)

(ハ) 飛行場にあると (駆逐、襲撃及び軽爆隊)、他部隊の援護下にある (駆逐隊) とを問わず、敵航空兵力の破砕

\*　　\*　　\*

偵察飛行隊は指揮官の有力な戦略的・戦術的な捜索機関である。部隊飛行隊は捜索、戦場監視、砲兵の射撃指揮および司令部相互間の連絡に任ずる。戦況に応じて部隊飛行隊も戦闘任務に使用することがある。(後略)　　——第1章「綱領」第7

\*　　\*　　\*

現代戦における資材の進歩は、敵戦闘部署の全縦深にわたり同時にこれを破壊することを可能にした。兵力の迅速な移動、奇襲的な迂回および退路遮断による急速な敵後方地区の占領は、全縦深同時破壊の可能性を増大した。

敵を攻撃する場合、敵を完全に捕捉殲滅しなければならない。

——第1章「綱領」第9

\*　　\*　　\*

防御においては、当該正面の敵がいかに強大であっても、決してこれに屈服してはならない。

防御は火力資材および逆襲に任ずる部隊を縦深にわたって配置することを基礎とする。

敵が我が陣地の内部においてその戦力を消耗すれば、歩兵および戦車は航空部隊の支援の下、断固として逆襲を行ってこの敵を撃破すべきである。防御は逆襲によりはじめて劣勢な兵力で優勢な敵に対し戦勝を獲得することができる。

——第1章「綱領」第10

\*　　\*　　\*

現代戦は、畢竟(つまるところ)、その大部分が火力戦闘であ

る。したがって、赤軍幹部および赤兵は現代の火器威力に関する認識を深め、火力の使用ならびにその制圧手段に習熟しなければならない。火器威力の破壊的性質を無視し、かつこの克服手段をわきまえないものは無益な損害をこうむるであろう。

——第1章「綱領」第15

\* \* \*

後方管区の縦深は、通常、連隊は10〜12km、師団は自動車輸送による場合40〜50km、馬匹輜重（ばひつしちょう）による場合20〜30km（連隊管区を含まず）、兵站（補給停車場より師団後方管区の境界まで）は50〜100kmとする。

機械化ならびに騎兵兵団が一般兵団地区内で行動する場合は、兵団固有の後方管区を設定せず、これら一般兵団の後方管区に依存する。——第3章「後方勤務」第77

\* \* \*

敵の後方において行動する機動兵団への補給は、開放された道路が使用できる場合は有力な部隊（戦車）に援護された自動車輜重が行い、連絡路が完全にまたは一時的に遮断されている場合は空中輸送により実施する。

機動兵団の後方が遮断された場合の傷病者は、空中または地

■ **T-34/76 中戦車**

BTシリーズ（高速戦車）から発展したソ連軍の代表的中戦車。ドイツ軍の侵攻時に登場し、強力な火力と優れた地形踏破能力により、ドイツ軍戦車を圧倒した。大戦末期には85mm戦車砲（TKG）へと換装された。写真はアバディーン兵器博物館で撮影したもの

上輸送機関による後送が可能となるまで、軍隊（機動兵団）と行動をともにする。

　機動兵団が任務を達成するために必要となる予備資材、整備材料および衛生・獣医資材を、同兵団の行動開始までに適時にその出発地点に集積することは、幕僚および各兵種各部長官が実施すべき最も重要な実務である。　——第3章「後方勤務」第83

＊　　＊　　＊

　戦闘指揮の本質は周到に敵情を偵察し、状況に応じて適時に決心し、各部隊の任務を定めてその協同関係を律し、適時に命令を伝達し、部下部隊の行動を監視し、適時に部下・隣接部隊に状況を通報し、状況の変化に応じて速やかに適切な対策を講じ、適切な独断専行を行い、各種警戒、通信および後方補給に関する処置を適切に行うことにある。

——第5章「戦闘指揮の原則」第105

＊　　＊　　＊

　現代戦に大規模に使用される制圧資材、とくに戦車、砲兵、飛行機および機械化挺身隊の進歩は、敵を孤立させこれを捕捉殱滅するため、敵戦闘部署の全縦深に同時に攻撃を加えることを可能にした。包囲は以下のようにして達成される。

（イ）敵の一翼または両翼を迂回し、その側面および背面を攻撃する。
（ロ）敵の後方に戦車および車載歩兵を投入して敵主力の退路を遮断する。
（ハ）飛行機、機械化部隊および騎兵をもって敵の退却縦隊を襲撃して敵の退却を阻止する。

——第5章「戦闘指揮の原則」第112

＊　　＊　　＊

　戦闘において最大の成果を獲得するため、各級指揮官の大胆な積極的精神に期待することきわめて大であり、とくに独断専行は決定的な価値を有する。高級指揮官の指揮技術に対する要求は、各部隊に明確な任務を与え、適切な攻撃点を選定し、適時に同方向に十分な制圧資材を集中し、各部隊の協同関係を律し、部下の独断専行を慫慂(しょうよう)(誘い、勧めること)し、あらゆる部分的な成果を活用してこれを拡張することにある。

　独断で決心した場合、指揮官は速やかにこれを上級指揮官に報告し、かつ隣接部隊に通報しなければならない。

―― 第5章「戦闘指揮の原則」第123

＊　　＊　　＊

　遠距離行動戦車は敵陣地帯突破のために決定的な価値があり、とくにその使用は当時の状況に厳密に適合させなければならない。遠距離行動戦車群の突破地区ならびにその掩護手段の選択は、いつに敵陣地の対戦車火力の強弱、対戦車障害物の状態ならびに地形の特性による。遠距離行動戦車群の任務は敵陣地帯の後方に突入して敵の予備隊、司令部および主力砲兵群を撃滅して敵主力の退路を遮断することにある。

　遠距離行動戦車群の襲撃は、多くの場合、歩兵および歩兵支援戦車群が敵陣地帯の第一線を通過する際に生起する防御火網の混乱に乗ずるよう計画しなければならない。遠距離行動戦車群と支援戦車群をともなう歩兵との梯隊(ていたい)距離を短縮すれば、敵に火網の構成を回復する余裕を与えないという利点が生じる。

　支援戦車をともなう歩兵の攻撃は、全線において同時にこれを開始しなければならない。

　敵陣地帯の第一線が戦車の通過困難な地区に沿って配備され

ている場合、遠距離行動戦車群の攻撃に先立って、砲兵および戦車の支援をともなう歩兵が攻撃を行う。この際、歩兵はまず敵陣地帯第一線を占領して障害地域に戦車の通路を開設する。次いで遠距離行動戦車群が歩兵の達成した戦果を拡張しつつこれを超越して敵陣地内部に深く突入する。

遠距離行動戦車群の各大隊は、砲兵火力によりその正面および側面を援護され、通常、各車両間の間隔および各部隊間の距離を短縮し、数線の波状隊形で攻撃、前進する。この場合、大隊の突破正面は地形の状態、砲兵の多寡および当時の隊形によるが、300～1,000mの間を変化するものとする。

攻撃部隊が敵陣地の開放翼を迂回する場合、遠距離行動戦車群は敵の背後に指向される。

——第7章「攻撃」第181

\*　　\*　　\*

特別の場合に軍団に配属される戦闘飛行集団は、敵予備隊の接近を阻止し、包囲圏内より脱出しようと試みる敵を破砕する目的のために使用される。

この際、航空部隊のとくに重要な任務は、敵の砲兵を脱出させないことである。

攻撃中の歩兵および戦車は、友軍飛行機に対しその位置を標示するため、空中より識別しやすい標識を携行するものとする。

——第7章「攻撃」第182

\*　　\*　　\*

防御は次の場合に行う。

(イ)決戦方面に兵力を集中するため、他の正面の兵力を節約する場合

> （ロ）攻勢に必要な兵力を集中できるまで、時間の余裕を獲得する場合
> （ハ）決戦方面における攻撃の成果を待つため、決戦以外の正面において時間の余裕を獲得する場合
> （ニ）某地域（地区、地線および道路）を保持する場合
> （ホ）（陣地）防御により敵の攻撃力を破砕し、事後の攻勢移転を企図する場合

　防御力は、畢竟（ひっきょう）、最高度に火力を発揚し、最も有効に地形、技術および化学資材を利用することに帰着する。

　他方面における攻勢、もしくは事後の攻勢移転を企図する防御、とくに敵の側面に向かう攻勢をともなうものは、敵を完全な壊滅に導くことが可能となる。　　――第8章「防御」第224

　　　　　　　　＊　　＊　　＊

　現代戦の防御において具備すべき要件は対戦車防御組織である。対戦車防御は、各部隊が構成する自然的または技術的対戦車障害、対戦車地雷およびその他の人工障害、ならびに対戦車砲兵の火網から成る。

■ T-14 アルマータ戦車
ロシア軍の最新戦車。殲滅戦、攻撃重視、全縦深同時打撃、火力戦闘重視の思想は、今日のロシア軍にも一貫して継承されている

写真：AFP＝時事

防者の勇敢な行動と巧妙な地形の利用とは、小銃及び機関銃の十字火と相まって敵歩兵に甚大な損害を与え、かつ歩兵を戦車より分離することを可能にする。

　防御陣地帯の完成にともない、兵員を援護するために、次のような手段を講じる。

> （イ）敵の機関銃および砲兵に対する技術的掩蔽設備
> （ロ）対化学装備

—— 第8章「防御」第226

\*　　\*　　\*

　陣地帯第一線部隊、打撃部隊ならびに砲兵陣地の位置は、対戦車防御の便を考慮して選定する（戦車の接近が困難な地形・地物の利用、側防陣地の配慮）。

　陣地帯内部に対戦車地区を設定して打撃部隊を配置し、これにより砲兵陣地ならびに戦闘司令部を援護する。

　対戦車地区は環状に配置し、対戦車砲の有効な直射火力でその間隙を火制（各種火砲の射撃で制圧すること）する。

　陣地帯第一線の対戦車砲兵は対戦車障害物で援護し、陣地帯内部においては対戦車地区の内部に配置する。対戦車砲の一部を反対斜面に分散配置すると有利である。

　対戦車壕、地雷地域およびその障害物は、敵が正面から観察できないような対戦車砲で火制する。

　師団長が主要対戦車地区を定め、連隊長はこれを補足するため所要の対戦車地区を設けることができる。

—— 第8章「防御」第230

\*　　\*　　\*

陣地の占領に際して、各幹部は、当該部隊に与えられた射撃地域の決戦距離400m以内の地区で敵に死角を与えないようにあらゆる手段を講じる。陣地帯前縁より400mの地帯内の各地点はすべて各種の火力、とくに斜射・側射により火制し、隣接部隊との接合部においてはこの点がとくに重要となる。敵が近距離に至ってはじめて射撃を開始し、かつ最も有効な火力を発揮するためには、高度の忍耐力が不可欠である。
　各火点ならびに対戦車砲が、敵の捜索部隊または前方部隊との戦闘においてその位置を暴露した場合、必ず陣地変換を行わなければならない。　　　　　　　　　　── 第8章「防御」第241

　　　　　　　　　　＊　　　＊　　　＊

　師団長は敵主力に対して師団砲兵の阻止射撃を集中して、歩兵と戦車を分離させる。
　敵戦車が陣地帯内部に突破したとき、師団長はその機動的対戦車予備隊をこれに指向し、直轄の戦車をもって敵戦車を襲撃する。敵の戦車を撃退し歩兵が混乱状態になった場合、師団長は各連隊の逆襲を統一し、自らもまた機を失せず師団打撃部隊をもって逆襲し、喪失した陣地を回復する。
　逆襲は使用し得る全力を挙げて行い、陣地帯第一線を回復するまで続行しなければならない。
　陣地の全正面にわたって敵の突破を受け、完全に陣地組織の崩壊をみるに至れば、逆襲を中止して、打撃部隊が位置している既設陣地で防御に転移するほうが有利である。
　逆襲中止の決心は師団長にだけその権限があり、この場合、軍団長に速やかに報告しなければならない。
　師団長は自隊の飛行機を利用して、絶えず、戦闘の進捗(しんちょく)状況を監視する。　　　　　　　　　　　── 第8章「防御」第248

# ナポレオンの箴言に学ぶ③

> ひとたび戦闘を決断したならば、指揮下の全部隊を結集せよ。遊兵を作るな。ときには1個大隊が戦闘に決をつけることがある。——第29箴言
>
> **出典**：William E.Cairnes／編『NAPOLEON'S MILITARY MAXIMS』

　戦闘は、決勝点に対する敵と我の**戦闘力集中競争**です。第9箴言のごとく敵に勝る兵力を集め、最短距離を、敵に勝るスピードで戦場の焦点へ移動し、その勢いを駆って一気に勝負に出ることが、戦勝獲得の鍵となります。

　**遊兵**とは作戦・戦闘目的にまったく寄与しない部隊のことをいいます。指揮官は指揮下のすべての部隊に明確な任務を与えて、全体の目的達成に寄与させる責任があります。

PRINCIPLE

# 第4章

# 現代に生きる機動戦理論

> タル将軍は、出陣前の訓示で、幹部将校達に、戦争が計画通りにいくことはほとんどない、と言った。戦いにはひとつの鉄則しかない。「全員が攻撃する。全員が突破する。わきを見ず、振り返らない」と言った。機甲部隊は、1956年(スエズ運河をめぐる第2次中東戦争)に同じ地域を36時間ちょっとで突破していた。今回(第3次中東戦争)は、24時間で突破することになった。
> マイケル・B.オレン/著、滝川義人/訳
> 『第3次中東戦争全史』(原書房、2012年)

# 4.1 機動戦理論の継承
## フラーの理論は現代も生きている

　第2次大戦以降、超大国である米国とソ連をそれぞれ盟主とする東西両陣営（北大西洋条約機構とワルシャワ条約機構）の冷戦が1980年代末期まで続いたことは、私たちの記憶に新しいところです。

　冷戦下においても朝鮮戦争、ベトナム戦争、中東戦争などが起きていますが、戦車を中核とする大規模な機動戦は中東戦争以外では見られません。

　新興国イスラエルと周辺アラブ諸国との数次にわたる中東戦争において、イスラエル国防軍（IDF：Israel Defense Forces）機甲部隊は典型的な電撃戦により勝利し、**フラーの後継者であることを証明**しました。

　冷戦終結後の1990年8月、イラク軍が奇襲侵攻してクウェート全土を占領しました。これに端を発して第1次湾岸戦争（1991年1〜3月）が生起し、米軍を中心とする多国籍軍の「砂漠の嵐作戦」で本格的な機動戦が行われました。

　「砂漠の嵐作戦」の中核だった米陸軍は、フラーの「Plan 1919」を彷彿させる空地一体作戦により、

第4章 戦いには不変の原則がある

当時のイラク軍を100時間という短期間で撃破したのです。

戦史に特筆される機動戦を演じたIDFも米陸軍も、ともにフラーとの直接のつながりはありませんが、その戦術思想はフラーの機動戦理論を継承しています。

第1次大戦（1914〜1918年）の教訓を踏まえて「将来戦は戦車を主役とする機動戦になる」という、フラーが投じた一石が第2次大戦で大きな波紋となり、大戦後はその余波が中東の砂漠に及んだといえます。以下、フラーの「孫弟子」ともいえるIDFと米陸軍・米海兵隊の戦術思想を探ってみましょう。

「6日戦争」（第3次中東戦争）の立役者、IDF戦車部隊。その一糸乱れぬ行動は精鋭部隊であることをいかんなく証明している
写真：Three Lions/Getty Images

# 4.2 イスラエル国防軍（IDF）①
## 負けることが許されない宿命の国家

　イスラエル国防軍（IDF）は全軍機甲部隊で、その骨幹となる装備が戦車です。IDFは世界のいかなる軍隊よりも戦闘経験が豊富で、その装備と戦闘能力は世界最高水準にあるといっても過言ではありません。

　IDFは負けることが許されない軍隊です。

　イスラエルは、第2次大戦後の1948年5月14日、英国の委任統治が終了してユダヤ人国家の独立が宣言されたその瞬間から、国家の存亡をかけた戦争に突入し、数次の中東戦争を経て、今日なおその渦中にあります。イスラエルは戦場での敗北がただちに国家の消滅に結びつくという宿命にあります。

　IDFの戦略・戦術思想は、イスラエルの地政学的環境（西の地中海を除き、北、東、南をイスラム国家に囲まれ、地勢はロンメル戦車軍団が戦った北アフリカによく似ている）から自ずと導き出されます。

　すなわち、**戦略的には内線作戦**※**による短期決戦、戦術的には機動戦による電撃戦**が必然で、戦車を骨幹とする機甲部隊の創設・発展は当然の帰結です。

　IDFの戦略・戦術思想の背景となる論文が、『戦略論　間接的アプローチ』（リデルハート/著、市川良一/訳、原書房、2010年）に、「付録第2　アラブ‐イスラエル戦争（1948‐49）」として、その要旨が載っています。論文の著者は当時の**イスラエル軍参謀総長ヤデイン将軍**です。

　　　　　　　＊　　　＊　　　＊

　間接的アプローチ戦略のみが健全な戦略であることに疑問の余

※ 戦力を中央に保持し、有事には、まず最重要正面に全力を集中して敵を撃破する。

地はない。戦略における間接的アプローチの構成はリデルハート大尉が明確に定義し、説明し、かつ精密に仕上げを施したように、戦術的分野におけるよりもさらに大規模であり、またさらに複雑である。我々の目的を達成するためには「戦いの原則」を活用し、また我々自身が戦略上の間接的アプローチの基盤に立脚することにより、戦いが始まる以前に戦闘の帰趨を決するため、以下のような3つの目標を達成することが必要である。すなわち、

1. 敵の交通線を遮断し、それによって敵の物質的戦力培養を麻痺させる。
2. 敵の退路を遮断し、それによって敵の意志を崩壊させるとともに士気を破砕する。
3. 敵の指揮統制中枢を打撃するとともに敵の交通線を遮断し、それによって敵の頭脳と手足とのつながりを断つ。

なお、論文はリデルハートの間接戦略に焦点を当てていますが、**内容はフラーの「Plan 1919」そのもの**であることを補足しておきます。

イスラエル国防軍（IDF）の中核である戦車部隊
写真：AFP＝時事

# 4.3 イスラエル国防軍（IDF）②
## 戦術は戦車部隊の機動戦による電撃戦

　イスラエルのような、人口が少なく狭い国土（日本の四国程度）では、長期戦がきわめて困難です。このような戦略環境の中から、**空地一体による敵側背への機動**という戦闘教義が生まれたのです。

　第3次中東戦争（1967年6月）の**6日戦争**はその典型例です。空軍の先制奇襲攻撃により、アラブ側空軍を潰滅させて制空権を確保し、空地一体の機動戦によりエジプト陸軍を撃破してシナイ半島を占領、その後、北に反転してゴラン高原を占領しました。グデーリアンを彷彿させる鮮やかな電撃戦です。

> 「エジプト軍は、強大な火力支援を受けて頑強に抵抗するだろう。万一、攻撃前進が停滞した場合は、何トンもの鉄の塊が諸君の頭上に降り注いでくるだろう。だからこそ、いかなる場合も、機動を続けなければならない。また、できるだけ遠くから射撃し、長射程で敵の戦車、対戦車火器を破壊せよ」
> 
> （6日戦争時のタル機甲師団長の訓示）
> ダビッド・エシェル/著、林 憲三/訳『イスラエル地上軍』
> （原書房、1991年）

　第2次世界大戦後にパレスチナに誕生したのがイスラエルという国家です。負けることが許されないIDFは、第2次大戦における機動戦に関する教訓、とくにキレナイカ、リビアにおけるロンメルの機動戦を徹底して研究しています。

　ロンメルのアフリカ軍団は最終的に敗れましたが、ロンメル

の戦い方、すなわちフラーの機動戦理論の実践はIDF機甲部隊に継承されて、今日なお生き続けています。IDFを機動力のある精強な機甲部隊に育て上げた立役者がタル将軍です。第2次大戦そして第1次および第2次アラブ・イスラエル戦争を戦ってきた古強者で、1964年以来、機甲部隊を指揮し、徹底して鍛え上げ、メルカバ戦車の推進者としても知られています。

## ■ 第3次中東戦争（1967年6月）におけるイスラエル国防軍（IDF）の内線作戦

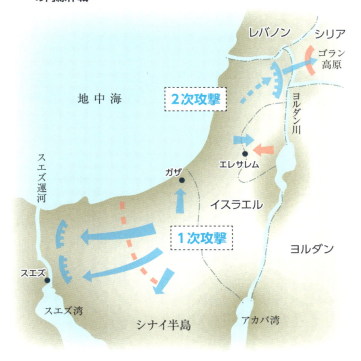

内線作戦では、短期決戦・速戦即決が成功のカギを握っている。このためには決戦部隊の迅速な機動が不可欠であり、50トン大型トレーラーと冷房つきのバスがこれを可能にした

## 4.4 イスラエル国防軍（IDF）③
### 対戦車誘導ミサイル「サガー」の衝撃

　6日戦争の電撃戦はIDF戦車部隊の名声を不動のものとしましたが、6年後の第4次中東戦争（1973年）で、IDFの中核部隊である機甲旅団が、エジプト軍歩兵部隊の濃密な対戦車火網に捕捉されて撃破されるという激震が起きました。

　10月8日、エル・フィルダン付近で、ソ連製の対戦車誘導ミサイル（AT3サガー、RPG-7Vなど）が待ち受けるエジプト軍の**火力ポケット**に、第190機甲旅団が単独で突入して、3分間で110両の戦車のうち85両が撃破されたのです。

　ニューズウィーク誌（11月5日号）が「中東戦争――5つの教訓」と題する論説で、エル・フィルダンの戦闘を取り上げ、戦車はすでに時代遅れの兵器であるとセンセーショナルにぶち上げ、**戦車無用論**に火をつけたのです。

　IDFはシナイ半島の戦闘結果を即教訓として取り入れ、戦争を遂行しながら、機甲旅団を戦車、機械化歩兵、自走砲兵などのコンバインド・アームズ部隊へと改編し、最終的にはグレートビター湖北部からスエズ運河西岸へ渡河して、エジプト軍第3軍を完全に包囲、形勢を逆転しました。

　内線作戦の短期決戦で陸戦に勝利する決め手は、火力、機動力、装甲防護力を兼ね備えた戦車が最適です。しかし、6日戦争の電撃戦のような**戦車を単独で運用する時代は終わった**のです。

グデーリアンやトハチェフスキーが、フラーの戦車偏重をコンバインド・アームズへと進化させ、IDFも手痛い教訓から迅速かつ柔軟にこれを学んだのです。戦車無用論は麻疹のようなもので、戦車は今日なお、陸戦の王者として君臨しています。

### ◻ 第4次中東戦争中に改編されたIDF機甲旅団

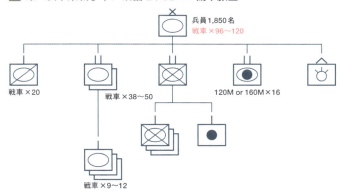

### ◻ イスラエル国防軍のチラン6戦車

第4次中東戦争のゴラン高原でシリア軍から鹵獲（ろかく）したT-62戦車を、イスラエル仕様に改修した。主砲はオリジナルの115mm滑腔砲をそのまま使用している

写真：Bukvoed

## 4.5 イスラエル国防軍（IDF）④
### 形式にとらわれない柔軟な思考と陣頭指揮

　IDFは、第4次中東戦争後、**戦車単独運用思想からコンバインド・アームズ思想へと脱皮**しますが、戦車が機甲部隊の骨幹であることに変わりはなく、コンバインド・アームズによる戦闘チ

マサダの砦はイスラエルの死海南西岸近くにある岩山要塞。紀元66年にユダヤのゼロテ派がローマ帝国占領軍から奪回し、2年後に再びローマ帝国軍の手に落ちた。陥落の際、砦に立てこもる老若男女1,000人は降伏を潔しとせず、全員が玉砕。世界遺産に指定されている。IDFに入隊する兵士は、マサダの砦で宣誓式を行い、祖国に忠誠を誓う

写真：わん

ームの役割は「砲弾が飛び交う戦場を、戦車が機動できるように支援すること」としています。戦車も外国依存から脱却して、国産のメルカバ戦車開発へと進みます。

フラーは「司令部に腰掛けている将軍は古い時代の遺物、機動戦の時代にはこのような将軍の居場所はない。機動戦では戦車の戦闘室が指揮官の定位置」と断じていますが、IDF機甲部隊指揮官はこれを完璧に実践しています。

「軍は形式主義的なところがなく、敬礼とか隊伍を組んだ行進とは無縁の存在であった。国防軍は速度、状況即応、そして指揮の柔軟性に重点をおき、下級将校でもその場で重大な決心をすることができた。まわりはイスラエルの存在権を認めていない。戦争を仕掛けられたら、選択の余地はない。生き残りをかけて戦わざるを得ない。そしてその敵は、イスラエル国防軍の成長にも拘らず、数において格段にまさるのである」

マイケル・B.オレン/著、滝川義人/訳
『第三次中東戦争全史』（原書房、2012年）

IDFは「型にはまらない戦術的思考」および「因習にとらわれない柔軟さ」を信条とし、これが独立戦争以来の戦勝獲得の基盤となっています。負けることが許されない軍隊には、硬直した思考と頑迷固陋なドグマは似合いません。

## 4.6 米陸軍 ①
### 陸軍の近代化を「機構」で推進

　フラーの頭脳から機動戦理論が生まれ、グデーリアンやトハチェフスキーが戦場という究極の場でこれを具現したように、**理論や思想を具体的な形に昇華するのは人**です。が、ベトナム戦争後、陸軍の再生・近代化を目指す米陸軍は、この役割を人ではなく**機構**に託したのです。

　機構とは、1973年7月1日に創設された**訓練・教義コマンド**（TRADOC：Training and Doctrine Command）です。陸軍の将来像をデザインし、適材を募集して基本教育を行い、幹部要員（将校・下士官）を育成して、不確実な国際環境の中で勝利する陸軍へ変化させることが任務です。

　1980年代、強い米国の再建を目指すレーガン政権の下で、米陸軍は縦深攻撃によりワルシャワ条約機構軍（WP軍）を撃破するエアランド・バトル・ドクトリンを採用し、編成の一新、最新システムの装備化、教育訓練の近代化、人材の育成などの諸施策を強力に推進しました。

　エアランド・バトルはNBC（核・生物・化学戦）、EW（電子戦）の環境で、空地一体で約300kmの縦深攻撃を行い、WP軍の撃破により戦争終結を目指すものです。フラーの「Plan 1919」やトハチェフスキーの縦深突破理論を彷彿させます。

　エアランド・バトルは、欧州ではソ連崩壊（1990年）により不発でしたが、湾岸戦争の「砂漠の嵐作戦」（1991年）で、米軍を中核とする多国籍軍が、5カ月間の準備、54万の大軍の集中、100時間の戦闘で圧倒的な勝利を収めました。フラーが構想した近代的機動戦の到達点でした。

第4章 戦いには不変の原則がある

### 🔲 TRADOC司令官パーキンズ大将
TRADOCは約5万人の軍人・文官を擁(よう)し、戦闘開発から部隊の編成、教育訓練までを一貫して行う巨大組織である　写真：TRADOC

バージニア州・フォート・ユースティス(Fort Eustis)にあるTRADOCの司令部　写真：米陸軍

## PRINCIPLE 4.7 米陸軍②

**レーガン政権は陸軍近代化を「大車輪」で進めた**

　エアランド・バトルは、東欧地域の奥深くまで攻勢し、WP軍主力を撃破して戦争に勝利するという必勝戦略です。TRADOCは研究成果を『Operations』(1982年版)でドクトリンとして具体的に敷延し、その後、1986年に改訂して決定版としました。

　レーガン政権が発足した当時、ソ連地上軍の主力戦車はT-62、T-64、T-72で、次期主力戦車のT-80の研究開発が進み、1979年と1980年には試作車が登場しています。

　1980年の時点でT-64／T-72の装備数は11,000両に達し、やがて新鋭のT-80が登場する——西側としてはこれに対抗できる戦車の質と量の整備が喫緊の課題でした。

　米陸軍は、**M1エイブラムズ**戦車を月産60両のペースで生産して1990年度までに7,058両を取得。**M2/M3ブラッドレー**装甲戦闘車を月産50両で生産して1989年度までに6,882両を取得します。この他にも、攻撃ヘリ**AH-64(アパッチ)**、自走対空機関砲(**DIVAD**：40mm砲搭載)、パトリオット防空ミサイル、多連装ロケット・システム(**MLRS**)などの最新鋭装備の取得を盛り込んだ、目を見張るような装備計画を明らかにしました(右図)。

　ドクトリンが定まり、新装備が決まると、これにふさわしい組織(86師団)が必要となります。86師団はNBC(核・生物・化学戦)、EW(電子戦)環境に

整備中のM1エイブラムズ戦車
写真：米陸軍

おいて、機動的で柔軟性に富んだ通常戦を重視した編成です。3個の旅団本部と、10個の大隊（5個戦車大隊、5個機械化歩兵大隊など）が独立して存在し、状況に応じて戦闘旅団を編組するテーラー方式です。この戦闘旅団を砲兵旅団、航空旅団、兵站旅団がそれぞれ支援します。

## ◼ 米陸軍の主要装備調達計画

|  | FY81 | FY82 | FY83 | FY84 | 予 定 計 画 |
|---|---|---|---|---|---|
| M1戦車 | 569 | 700 | 856 | 720 | 月産60両、FY90までに7,058両取得 |
| M2/M3戦車 | 400 | 600 | 600 | 600 | 月産50両、FY89までに6,882両取得 |
| LVT水陸両用強襲車 |  | 30 | 146 | 153 | FY85　244両取得 |
| LAV軽装甲車 |  | 38 | 392 | 590 | FY86までに969両取得 |
| TOW対戦車ミサイル | 12,000 | 12,674 | 13,000 | 20,200 |  |
| AH-64（アパッチ） |  | 11 | 48 | 112 | FY85〜86　各144機 |
| UH-60（ブラックホーク） | 80 | 96 | 96 | 84 | FY85〜86　各78機 |
| CH-47D（チヌーク） |  | 19 | 24 | 36 | FY85〜86　各48機 |

40mm機関砲を搭載したDIVADは能力不足と判定され、50両で生産を中止した

出典：FY1984国防報告

M2A2ブラッドレー歩兵戦闘車

## PRINCIPLE 4.8 米陸軍③
### エアランド・バトル構想策定の経緯

> 「1977年、デュパイに代わって訓練・教義コマンド（TRADOC）司令官になったドン・A.スタイリー大将は、教範の大幅な見直しを指示した。それは、攻勢に重点を置き、敵の後続梯団（ていだん）を混乱させる、縦深にわたる陸上攻撃の役割を強調し、縦深作戦の重要性にウエイトを置くものであった。
>
> かつて、B.H.リデルハートは、敵がまったく予期しない時と場所において不意をつく、いわゆる間接戦闘法に言及したが、今日の手直しは、主としてこれを追求するものであった」
>
> 米陸軍戦史センター/編『湾岸戦争公刊戦史』

米陸軍公刊戦史によると、エアランド・バトル・ドクトリンは、上記のように、B.H.リデルハートが提唱した「敵がまったく予期しない時と場所において不意をつく、いわゆる間接戦闘法」を追求した、と明言しています。

フラーとリデルハートは、師弟でもあり戦友でもあり、2人は1920年以降、絶えず見解を交換し合い、機動戦に関する本質的な違いはほとんどありません。リデルハートの間接戦闘法の原点は間違いなくフラーの「Plan 1919」です。

「Plan 1919」の原タイトルは『決定的攻撃目標としての戦略的麻痺化』です。リデルハートの功績は、フラーの啓蒙書でもある革命的論文を、本格的理論へと昇華したことです。**イスラエル国防軍の機動戦思想も米陸軍のエアランド・バトル構想も、さかのぼればフラーの「Plan 1919」という源流に行き着くのです。** このことをあえて強調しておきます。

**第4章　戦いには不変の原則がある**

「砂漠の嵐」作戦中、炎上する油井（ゆせい）の上空を飛行するF-16Aファイティングファルコン、F-15Cイーグル、F-15Eストライクイーグル
写真：米空軍

エアランド・バトルの戦場では、地上部隊と航空部隊が全縦深で一体となって戦う。写真はA-10サンダーボルトⅡ攻撃機による近接航空支援の訓練
写真：米空軍

# 米陸軍 ④

### 「砂漠の嵐作戦」は機動戦理論の1つの到達点

　米陸軍はエアランド・バトル・ドクトリンのもとで近代軍の再建に努めましたが、**ベルリンの壁崩壊**（1989年11月9日）、**東西冷戦終結**（1989年12月2～3日のマルタ会談）により、東欧戦場においてソ連軍と直接戦火を交える機会はありませんでした。このようなときに湾岸戦争が勃発したのです。

> 「1990年晩夏、サウジアラビアへの展開準備に大わらわの将兵たちは、所属部隊と兵器に絶対の信頼感を抱き、自己の能力に自信を持っていた。指揮官たちも同じで、徹底的にリハーサルをやったあの教義（エアランド・バトル）で戦い、しかもその勝敗の鍵は自分たちが握っていると自負していた。
> 　イラクのクウェート侵攻は、米陸軍が20年に及ぶ近代化と改革を、まさに完了したときに発生したのであった。1990年の陸軍は、海外で勃発した戦争の緒戦時に米国が派兵した歴代軍部隊の中で、間違いなくいちばん錬度が高いプロの軍隊であった」
>
> 　　　　　　　　　　　　　　　　　　　　　米陸軍『公刊戦史』

　1月17日から38日間の空爆に引き続き、1991年2月24日早朝、サウジアラビアとクウェートの国境に480kmにわたって布陣していた多国籍軍（米陸軍主体）は、全正面で攻撃を開始しました。

　地上戦は多国籍軍の一方的な戦闘に終始し、27日の夕方には強力な包囲環が形成され、イラク軍は袋のネズミとなり、翌日に停戦となりました。圧勝の決め手は、近代化された米陸軍のスピード、技術力および兵員の質でした。

　前述（**3.1**参照）のように、フラーはグデーリアンの電撃戦を

戦略的麻痺化という観点から評価しています。**100時間戦争**といわれた多国籍軍による「砂漠の嵐作戦」の地上戦は、まさに戦略的麻痺化の再現でした。

近代化された米陸軍の速度、技術力および兵員の質がイラク軍部隊を分断して指揮系統を無効化し、結果としてイラク政府に停戦を強要したのです。フラーの後継者（TRADOCという機構が推進したエアランド・バトル・ドクトリン）による、勝つべくして勝った100時間戦争でした。

公刊戦史が「圧倒的な勝利は、実に軍に対する国民の信頼を再確認した」と評価しているように、ベトナム戦争で地に落ちた軍への信頼感を回復できたことが最大の果実でした。

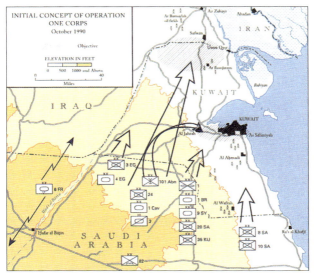

「砂漠の嵐作戦」における地上戦の基本構想。典型的な一翼包囲の攻撃機動で、イラク軍を西方からペルシャ湾に圧迫して撃滅しようという気宇壮大（きうそうだい）な構想だった
出典：米陸軍

# 4.10 米陸軍⑤
## ストライカー旅団戦闘チーム（SBCT）の創設

　1999年10月、エリック・シンセキ米陸軍大将は、参謀総長就任直後に「**世界中のいかなる地へも96時間以内に派遣可能な暫定的な旅団戦闘チーム（Interim Brigade Combat Team）を創設する**」と唐突に発表しました。

　1990年8月、イラク軍はクウェートに侵攻して、機甲部隊をサウジアラビアの国境に展開しました。米国は第82空挺師団を緊急派遣して（**砂漠の盾作戦**）、その掩護下で多国籍軍を集中したのです。このとき、もしイラク軍機甲部隊が動いていたら、軽戦力の第82空挺師団は一蹴されていたでしょう。

　1999年の**コソボ紛争**に米軍はKFOR（コソボ治安維持部隊）として、ドイツ駐留の第1機甲師団を派遣しました。M1戦車、M2/M3戦闘車などを投入するも、戦略展開に長大な時間を要し、峻険な地形、貧弱な道路網、脆弱な橋梁に悩まされたのです。

　このような背景の下、heavy and lightの間隙を埋める部隊として、先駆的役割を担った**ストライカー旅団戦闘チーム（SBCT：Stryker Brigade Combat Team）**が誕生しました。

　冷戦終結以降、世界の各地でLIC（低烈度紛争）が頻発するようになり、一強となった米国も新しい情勢への対応が不可欠となり、その答えの1つがSBCTです。

　新情勢にすばやく対応するためには、戦略・戦術・戦場機動に優れ、中量級の戦闘力を保有する部隊が必要です。空輸可能で、自動車化、軽装甲、完全デジタル化したSBCTは、まさに**21世紀型軍隊の申し子**です。1番目の部隊が2003年に新編され、朝鮮半島に前方配置の第2歩兵師団に配属されました。

第4章 戦いには不変の原則がある

## ◼ 改編されたSBCT

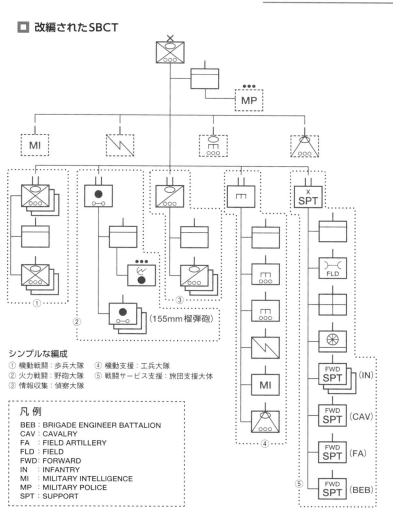

### シンプルな編成
① 機動戦闘：歩兵大隊
② 火力戦闘：野砲大隊
③ 情報収集：偵察大隊
④ 機動支援：工兵大隊
⑤ 戦闘サービス支援：旅団支援大体

### 凡例
- BEB：BRIGADE ENGINEER BATTALION
- CAV：CAVALRY
- FA ：FIELD ARTILLERY
- FLD：FIELD
- FWD：FORWARD
- IN ：INFANTRY
- MI ：MILITARY INTELLIGENCE
- MP ：MILITARY POLICE
- SPT：SUPPORT

編成は基本的には変わらないが、イラクやアフガニスタンでの戦闘の教訓が反映されている。工兵部隊を強化し、旅団直轄だった部隊（破線で囲んだ部隊）を工兵大隊の指揮下に入れた。3個歩兵大隊および工兵大隊を直接支援する前進支援中隊が4個新編された。兵員は4,200名から4,500名へと増強された

出典：『Brigade Combat Team』2015年版

# 4.11 米陸軍 ⑥
## 21世紀型に対応した機動戦の模索

2014年「4年ごとの国防計画の見直し」（QDR）によれば、米陸軍は18個師団司令部（常備軍10個、州兵8個）、73個旅団戦闘チーム（常備軍45個、予備軍28個）を維持するとしています。

73個旅団戦闘チーム（BCT）の内訳は、40個 IBCT（Infantry Brigade Combat Team、歩兵旅団戦闘チーム）、8個 SBCT（ストライカー旅団戦闘チーム）、25個 ABCT（Armored Brigade Combat Team、機甲旅団戦闘チーム）です（右図）。

> 「我々は地上部隊のドクトリンを洗練し、能力の近代化を推進して、過去10年間に達成したこと以上に、より幅広くより現実的に実行できる、スケールの大きなコンバインド・アームズ作戦能力を獲得する」　　　　　　　　　　　　『QDR』（2014年）

SBCTの役割は消防車に求められる迅速性です。早く現場に到着するだけではなく、初期消火に必要な中量級の戦闘能力が不可欠です。SBCTが時間稼ぎをしている間に強力なABCTが現場に到着して、決定的な戦闘を行います。

IBCTはSBCTやABCTが展開困難な現場に、徒歩、落下傘降下、ヘリボーン、水陸両用などの各種手段で展開でき、種々の事態に対応可能な機動の柔軟性を持っています。

2011年、米陸軍はドクトリンを最新化・洗練して作戦コンセプト「Unified Land Operations（一体化地上作戦）」を明示しました。3タイプの旅団戦闘チームがこの作戦コンセプトの担い手です。

第4章 戦いには不変の原則がある

## ◼ 3タイプの旅団戦闘チーム

| | 基幹となる機動部隊 | 特性・機能 |
|---|---|---|
| **I B C T** | **歩兵大隊**<br>軽歩兵、空挺、空中機動、レンジャー、山岳<br><br>**小銃中隊**<br>5タイプは同一編成、徒歩行動が基本 | **複合地形(市街地域、困難地形)などで(下車)戦闘できる、コンバインド・アームズ遠征部隊**<br>● 正規戦、ハイブリッド戦(正規・不正規戦の混合)、不正規戦に対応<br>● 地上、空地、空中機動、水陸両用の特性を有し、あらゆる地形・天候・気象で行動できる<br>● SBCTおよびABCTの任務を補完し、土地・住民・資源などが支配できる |
| **S B C T** | **歩兵大隊（ストライカー）**<br><br>**歩兵小銃中隊**<br>歩兵輸送車(ICV) ×14<br>機動砲(MGS) ×3<br>自走迫撃砲(MC) ×2<br>火力支援車(FSV) ×1 | **戦略展開および移動が可能な、コンバインドアームズ遠征部隊**<br>● 高レベルの機動(戦略機動、作戦機動、戦場機動)、指揮・統制(完全デジタル化、ネットワーク)、情報(C4ISRの統合)、防護(軽装甲、機敏な運動)などの特性を有する<br>● 平和時から全面戦争まで対応できる中量級の部隊。下車戦闘を基本とする |
| **A B C T** | **コンバインド・アームズ大隊**<br><br>**機械化小銃中隊**　**戦車中隊**<br>M2歩兵戦闘者×14　M1戦車×14 | **一体化地上作戦(Unified Land Operations)の中核となる部隊**<br>● 圧倒的な機動力、防護力、火力を有する<br>● 攻撃行動(機動打撃の衝撃効果)により敵部隊を撃破する<br>● 機動戦・運動戦を基本とする |

3タイプのBCTは、21世紀の複雑で混とんとした情勢に対応できる機動性と柔軟性を持っている。フラーの機動戦理論は戦場に限定した狭義のものだったが、BCTは戦術機動、作戦機動、戦略機動が可能で、グローバルな機動戦理論への進化といえる

出典：FM3-96「Brigade Combat Team」2015年版

## 4.12 米海兵隊①
### 戦闘原理へと昇華した機動戦

> 「機動の本質は、目標を可能な限り効果的に達成する方法として、敵に対する何らかの勝ち目を創出して拡大するために、具体的に行動することである。勝ち目には空間的なものだけではなく、心理的、技術的、あるいは時間的なものもある」
>
> ＊　　＊　　＊
>
> 「機動戦とは、大胆な意志、知性、独断、そして沈着冷静な好機主義から生じる心のありようである。敵を麻痺させ、混乱させ、敵の強みを回避し、敵の弱みに迅速かつ主動的に付け込み、最大の損害を与える方法で打撃して、敵を精神的にかつ物理的に打倒しようとする精神状態をいう」　　　　MCDP 1『Warfighting』

米海兵隊は世界最強の陸・海・空戦力が統合された即応部隊です。絶えず自己革新しながら進化する組織として知られ、わが国の防衛に不可欠な存在です。ドクトリン『**Warfighting（ウォーファイティング）**』は、海兵隊ドクトリン・シリーズ1（MCDP 1）として1989年に公刊されました。

冊子MCDP 1『Warfighting』には、米海兵隊を特徴づける戦闘原理が書かれ、行動のための概念や価値という形で大まかな指針が示されています。Warfightingという概念の基礎となるのが、**機動戦という賢く戦うための根本原理（philosophy）**です。

筆者は、米海兵隊ドクトリン『Warfighting』を読み、「Plan 1919」（第1章）や『講義録・野外要務令第Ⅲ部』（第2章）と通底する、フラーの機動戦理論を強く感じました。

米海兵隊は、1995年に**戦闘研究所(Warfighting Laboratory)**を創設して、作戦コンセプト、戦闘開発、編成・装備、教育・訓練、新技術などを実践的に研究しています。陸軍の訓練教義コマンド(TRADOC)と同様に、将来の海兵隊のあるべき姿を求めて、機構を挙げてイノベーションにまい進しています。

戦いの9原則(Principles of War)の1つに「機動(Maneuver)」があります。形而上下(けいじじょうか)のあらゆる戦闘力を決勝点に指向せよという原則で、精神面の柔軟性まで含む広義の考え方です。米海兵隊の機動戦も同じ原則に立脚しています。

フラーの「Plan 1919」を源流とする機動戦という思想は、100年あまりの歳月を経て進化し、限定された戦場という空間における機動戦闘の枠を超え、今日では心のありよう、精神状態といった、賢く戦うための根本原理にまで昇華したといえます。

上陸演習を終えてドック型揚陸艦「コムストック」へと向かう米海兵隊の水陸両用装甲車AAV(Amphibious Assault Vehicle)の一群
写真:米海兵隊

PRINCIPLE

# 4.13 米海兵隊②
## リアリズムに徹した戦闘の概念

　フラーの『講義録・野外要務令第Ⅲ部』の特色の1つとなっている攻防一体（offensive-defensive）という考え方があります。フラーはその具体的な例として根拠地（base）を示しています。これについては第2章（**2.8～2.9**）で述べました。

　米海兵隊ドクトリン『Warfighting』は、「戦争におけるすべての行動は、戦略的、作戦的、戦術的レベルを問わず、主動権を獲得するか、相手に反応して行動するかのいずれかである」と、**主動権の争奪が本質**であることを述べています。

　その具体的な形態として「攻撃」と「防御」があり、攻撃が最も望ましい戦術行動であることは論を俟ちません。とはいえ、攻撃は防御より戦闘力の消耗が大で、いずれかの時点で相対戦闘力が逆転し、攻撃を中止して防御に回らざるを得なくなります。これが**戦力転換点**（**culminating point**）です（右図）。

> 「攻撃と防御の間には明確な境界は存在しない。われわれの戦争理論はそれを攻撃、防御と無理やり決めつけるべきではない。攻撃と防御は、相互に欠くことができない構成要素として同時に存在し、一方からもう一方への移行は流動的であり連続的である」
> MCDP 1『Warfighting』

　米海兵隊は近代兵器を装備するハイテク部隊ですが、尖端システムが機能しない場合でも、従来型のやり方で戦闘できるように訓練しています。1度決めたことは金科玉条となりがちな日本的システムとは無縁の、**常に自己変革する組織**です。

# 第4章 戦いには不変の原則がある

## ■ 戦力転換点の成因

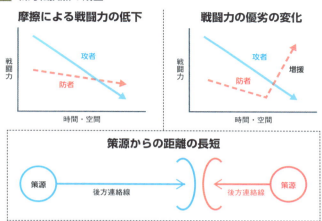

## ■ 戦力転換点の意義

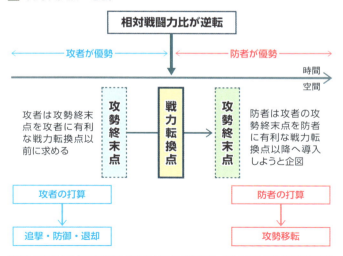

※野中郁次郎／著『知的機動力の本質』（中央公論新社、2017年）に米海兵隊ドクトリン『Warfighting』の全訳が掲載されている。

# ナポレオンの箴言に学ぶ④

> 戦いでは指揮の一元化が何よりも重要だ。それゆえに、単一の敵と戦う場合は、すべての部隊を、一途の方針のもとに、1人の指揮官に指揮させることが大原則となる。
> ——第64箴言
>
> **出典**：William E.Cairnes／編『NAPOLEON'S MILITARY MAXIMS』

　ナポレオンは「1人の愚将も、2人の良将に勝る」と言っています。1人の指揮官に必要な権限 —— 指揮および統制の機能 —— を与える場合、統一は最も容易になります。

　統一には、文字どおりの指揮の一元化と、部隊全体の形而上下の統一という二面性があります。指揮の統一とは、1人の指揮官が、部隊のあらゆる行動を共通の目標に向かわせ、そしてそれを調整することなのです。

PRINCIPLE

# 第5章

# 「戦いの原則」の創始者

本システム(「戦いの原則」のこと)は1912年の6個の原則から発展し、1915年に8個になり、1923年には事実上19個となり、そして1925年に9個に落ち着いた。
　　　　　　『The Foundations of the Science of War』

## 5.1 ナポレオンの戦いを分析したフラー
### 「戦いの原則」制定の経緯 ①

今日の『Operations』(米陸軍)や『野外令』(陸上自衛隊)に記載されている「**戦いの原則**」には、およそ100年の歴史があります。その創始者はJ.F.C.フラー英陸軍退役少将ですが、この事実はあまり知られていません。

フラーは1926年に『The Foundations of the Science of War』を刊行し、序言で「戦いの原則」制定の経緯を語っています。以下、フラーの言葉を借りながら、その足取りを追ってみましょう。

フラーは1911年夏、ヨーロッパでいつ戦争が勃発してもおかしくない情勢と認識して、ドイツ北部での休暇を切り上げて英国に帰国しました。

このような逼迫した情勢認識のもと、フラーは戦史の研究に関心を寄せ、また近づく戦争の足音に備えて『野外要務令』(1909年版)をひもといたのです。『野外要務令』第1章の冒頭2ページに次のような記述があります。

「戦争の基本的な原則(fundamental principle of war)は数多くはなく、またそれらは抽象的でもない。とはいえ、それらの適用は困難で、かつ規定することは不可能である。原則を環境へ正しく適用することは、健全な軍事知識の集大成であり、それが天性となるまで、研さんと実践を積まなければならない」

フラーは「これはすばらしい。だが、これらの基本的な原則とはいったい何なんだ?」との疑問を抱き、「それらが数多くはなく、また抽象的でもないのであれば、それらは少数でシンプル

なものに違いない」と確信したのです。

フラーは「教範は何ひとつ具体的なことを書いていない。基本的な原則が何かということを知るまでは、この野外要務令はほとんど役に立たない」と考え、この隠されている真実を発見しようと決心したのです。

フラーは早速、『**ナポレオン書簡集**』※（Correspondence of Napoleon）を詳細に研究して、帰国した翌年の1912年に、ナポレオン戦争から導き出される複数の原則があるとの結論に至りました。それが①**目標の原則**、②**集中の原則**、③**攻勢の原則**、④**警戒の原則**、⑤**奇襲の原則**、⑥**機動の原則**の6原則です。

英国陸軍士官学校（サンドハースト）の卒業式の儀式。フラーは現士官学校の前身「王立陸軍大学（Royal Military College）」（歩兵や騎兵の士官を養成する士官学校）で学んだ

写真：Siman Jonston

※ ナポレオン自身が著述した戦略・戦術に関する本はないが、彼が発出した膨大な数の文書、命令、手紙などをまとめて32巻の書簡集として1858年にフランスで刊行された。書簡集はナポレオンの軍事思想を知る宝庫で、欧米では軍人の教養書になっている。

## 5.2 『野外要務令』に採用された8原則

### 「戦いの原則」制定の経緯 ②

　フラーは1913年夏に陸軍大学校に入校し、在校中、6個の原則を適用してその有用性を確認しています。そうこうしている間に第1次大戦が始まり、1915年12月、フラーは「1914年‐1915年会戦に関する戦いの原則」と題する論文を、安全保障研究誌『RUSI Journal』に匿名で寄稿しました。

　フラーの論文は1916年に公刊され、6個の原則に加えて2個の原則 ── **兵力節用の原則**および**協同の原則**を追加しています。1917年、フラーは、オールダーショットの幹部候補生学校※長ケネス将軍の依頼を受け、同校で「戦いの原則」に関する講義を行い、その講義録が1918年に小冊子として刊行されました。

　フラーが確定した8個の「戦いの原則」は、ナポレオン戦争の戦史から演繹的に推論し、かつ第1次大戦の結果からチェックした純粋な仮説でした。大戦後の1919年、「戦いの原則」に関する考察を深めるため、フラーはその個々を検証するために実証例の収集に乗り出したのです。

　1919年、陸軍当局は『野外要務令』改訂のための委員会を設置しました。某日、委員長が「貴官が戦いの原則に関する一文をものしていることを承知しているが、提供してもらえるかな？」とフラーに話しかけました。このようにして、フラーの小冊子が委員会の手に渡り、微修正を経て、**1920年版『野外要務令』**に「戦いの原則」として正式に採用されました。

　1922年8月から1923年1月まで、フラーはキャンバレイの陸軍大学校で一連の講義を行っています。これらは戦争の科学や戦術の分析に関する内容で、フラーはこれらの講義を通じて「戦

※ 幹部候補生学校は第2次大戦後、徴兵制度の廃止により閉鎖され、現在、士官養成機関はサンドハーストの英国陸軍士官学校のみ。

いの原則」を科学的に分析し、検討したのです。

　旧「戦いの原則」は、表現を改めて**1924年版『野外要務令』**に採用されました。これらは①**目標の維持**（Maintenance of the objective）、②**攻勢的行動**（Offensive action）、③**奇襲**（Surprise）、④**集中**（Concentration）、⑤**兵力の節用**（Economy of force）、⑥**警戒**（Security）、⑦**機動**（Mobility）、⑧**協同**（Co-operation）の8原則です。

　なお、第1章で述べたように、フラーは第1次大戦中、戦車軍団司令部で参謀として勤務し、カンブレーの戦いの主務者であり、「Plan 1919」の起草者でした。

キャンバレイの陸軍大学校（Staff College）。フラーは陸軍大学校を卒業し、大戦後に主任教官として勤務している

写真：Snapshot of The Past

## 5.3 現代に受け継がれる9個の戦いの原則

### 「戦いの原則」制定の経緯 ③

戦いの原理・原則は古代から存在しましたが、体系的に記述した戦術書は、16世紀にマキャベリが著述した『戦術論』を嚆矢とします。本格的な戦術書は、18世紀のアントン・アンリ・ジョミニによる『戦争概論』から始まります。

ジョミニの「戦いの根本原則」は、**集中（mass）と打撃（strike）**の2項目です。ジョミニが確立した根本原則を、フランスのフォッシュが、**兵力の節用、行動の自由、兵力の自由運用（free disposal of forces）、警戒**の4項目としてリストアップしています。

### ■ 戦いの原則（Principles of war）の新旧比較

| 英陸軍『野外要務令第Ⅱ部』（1924年版） | 相互の関係 | 米陸軍『Operations』（2008年版） |
|---|---|---|
| Maintenance of the objective（目標の維持） | | Objective（目標） |
| Offensive action（攻勢的行動） | | Offensive（攻勢） |
| Surprise（奇襲） | | Mass（集中） |
| Concentration（集中） | | Economy of force（兵力の節用） |
| Economy of force（兵力の節用） | | Maneuver（機動） |
| Security（警戒） | | Unity of command（指揮の統一） |
| Mobility（機動） | | Security（警戒） |
| Co-operation（協同） | | Surprise（奇襲） |
| | | Simplicity（簡明） |

第5章 戦いには不変の原則がある

　前項で述べたように、第1次大戦後の1924年、英国陸軍がフラーの提言を受けて『野外要務令第Ⅱ部（Field Service Regulations Vol.Ⅱ）』に8項目の「戦いの原則」を採用しました。

　繰り返しになりますが、1924年版『野外要務令』に採用されたのは、**目標の維持、攻勢的行動、奇襲、集中、兵力の節用、警戒、機動、協同**の8原則です。

> 「9個の戦いの原則は、戦略的、作戦的および戦術的レベルの作戦遂行に影響を与える最も重要な無形要素である。陸軍は最初の戦いの原則を第1次大戦後に発表した。
> 
> 　その後、陸軍は、分析、実験および実戦による検証を踏まえて、戦いの原則を微修正してきた。
> 
> 　戦いの原則はチェックリストではない。
> 
> 　どのような作戦でも原則を考慮すべきだが、原則はあらゆる状況に一様に適用できるものではない。むしろ、**作戦を成功に導くための特性を要約したもの**といえよう。
> 
> 　その最大の価値は、軍人の教育にある。過去の会戦、主要な作戦、戦闘および交戦の研究にこれらの原則を応用すれば、戦いの原則は強力な分析ツールとなる」
> 
> 　　　　　　　米陸軍野外教令FM3-0『Operations』（2008年版）

　フラーが確立した原則の大部分は、およそ100年の歳月を経て、今日なお、色あせていません。米陸軍や陸上自衛隊が採用している9項目の「戦いの原則」のうち、7項目は「英陸軍＝フラー」によることが明らかです。すなわち、今日の戦いの原則の創始者・生みの親は、J.F.C.フラーであると断言できます。

## 5.4 「学究肌」の軍人だったフラー

### 「戦いの原則」制定の経緯④

　フラーは1923年1月に**陸軍大学校の主任教官**に配置され、陸軍大学校の教育科目に欠落していた心理学の研究、哲学、兵器への技術の影響および戦術を導入しました。

　英陸軍は伝統的に、高級将校の資質として人格陶冶(じんかくとうや)を重視し、人文科学や科学を軽視する傾向がありました。フラーは**近代戦では人格陶冶と知性の融合が必要**と主張しています。

　フラーは「私の学部は大学へと変身した」と自賛しています。陸軍大学校の主任教官時代のフラーは、彼の軍人経歴の中で、最も充実し、はつらつとしていた時代だったに違いありません。「私は、たまたま大佐で、学生諸官は大尉あるいは少佐だが、自由討議では階級を無視してもよろしい」と発言するなど、活発な授業光景を彷彿させるエピソードが残っています。

> 「私は本書の企画に15年以上を費やした。軍の学生諸官が、本書の有効性を評価するだけではなく、戦争を科学的に思考するために評価してくれることを希望する。私たちがそのような思考ができるまでは、私たちは戦争の真の技術者になれない」
> 『The Foundations of the Science of War』

　1926年、フラーの代表的な著作の1つ『**戦争の科学の基礎(The Foundations of the Science of War)**』が出版されました。フラーは「本書は、戦争の研究に科学的な方式を適用した初めての本」と言い切っています。「戦いの原則」は**学究肌の軍人フラーの広い視野と深い思索の中から誕生**したのです。

フラーが確立した「戦いの原則」は、第2次大戦後、わが国を占領していた米軍から陸上自衛隊に伝わり、今日に至っています。旧陸軍は、ノモンハン事件や太平洋戦争でフラーの後継者たちに痛撃されましたが、敗戦後の再軍備に至って、ようやくフラーとの接点ができました。

　陸上自衛隊は、1952(昭和27)年の保安隊発足時、米陸軍の『Operations』を翻訳した『作戦原則』を基準教範としました。1968(昭和43)年、独自の『野外令』を制定するも、基本的には『作戦原則』を踏襲しています。

　今日の「戦いの原則」に関しては、拙著『戦術の本質』(サイエンス・アイ新書)で取り上げています。関心のある読者は、本書と合わせてお読みいただきたいと思います。

市谷台の旧1号館。陸上自衛隊幹部学校(旧陸軍大学校に相当)は、陸自教育機関の最高峰である。現在は目黒に移転し、市谷台は防衛省となっている。1号館は陸軍士官学校、大本営陸海軍部、極東裁判の法廷として使用された。写真は1990(平成2)年に撮影したもの

# 戦いの原則

## フラー自身による背景説明

### ⁂ 説明①

『The Foundations of the Science of War』第11章より

まず、目的（object）と目標（objective）の関係から始めよう。

ある男がリンゴを1つとろうと思っている。この場合、リンゴを獲得することが彼の目的で、リンゴ自体はその目標である。戦争にあてはめると、政治的目的は平和を達成すること、軍事的目的は平和達成の諸条件を確立すること、目標は敵を武装解除してその国を占領することだ。

話を男とリンゴに戻そう。そのリンゴは男の手が届かない枝になっている。最小限の物理的エネルギーでそのリンゴをとるためには、あらゆる方法の中から1つを選択しなければならない。それはいったいどのような方法か？

知力の配分すなわち構想力を働かせると、木に登るいくつかの方法が案出される。これらに兵力の節用をあてはめると、1つの方法が実行案として選択できる。

次はその根拠だ。その案を分析し重点的に考察して採用、不採用、あるいは修正を決定する。最終的には、構想力と根拠が総合された行動計画となり、意志（will）として完結し、それが作戦に明確な方向を与える。

男は今や木に向かって歩を進める。

木に登るということに関して、男は余計なことを考える必要もなければ決断することもない。この時点では、木に登るという意志は、その決意のほうが恐怖を相殺している。

男は木に登り始める。

彼は自分の安全を確保しなければならない。彼は両手で枝をつかみながら登るが、リンゴをもぎ取るときは片手、おそらく右手を自由にしなければならない。彼の動きは、実際、彼の安全(security)次第なのだ。

彼はリンゴをもぎ取るために手を伸ばす。

だが、彼はそのリンゴにスズメバチがとまっていることに気づいていない。蜂に刺され、奇襲され、恐怖がよみがえり、その瞬間に、彼のリンゴとりは中断される(心理的忍耐)。

彼の決意は消え去り、リンゴをとろうという意志と方向を失い、根拠も構想力も瞬時に霧散する。彼は右腕を後ろに引く。左手で支えていた枝がねじれ、枝が折れて男は地上に落下する。

さて、もう1つのサンプルがある。これは、将軍とその指揮下部隊の間に作用する諸原則を表している。

ある農夫がリンゴをとりたいと思っている。そのリンゴはいちばん上の枝になっている。

木を見上げてから、農夫は男の子を呼び、木の登り方を教えた。しかし、それだと、男の子は脳に汗をかかない —— 自分で考えない —— ので、本来、農夫は男の子が知力を最大限に発揮するようにしむけるべきなのだ。

男の子は木に登り始める、だが、じきに困難にぶつかり、そ

して「もうこれ以上は登れない」と大声で叫ぶ。実際、これはリンゴをとるという決意の放棄なのだ。だが、農夫はリンゴをとるという決意は変えない。「もしリンゴがとれないなら、おまえに罰を与えるぞ」と男の子に言い返す。

これを受けて、男の子はさらに登り続ける。これは、褒美として2ペンス銅貨をやるというのと同じく、士気を鼓舞する言葉なのだ。男の子がリンゴに近づくのをずっと見続けていた農夫が、「気をつけろ。スズメバチがいるぞ。ここに棒がある。それでリンゴをたたき落せ」と叫ぶ。リンゴが地上に落ちる。

私は2つのきわめてシンプルな例を示した。これらは直接的には戦争と何ら関係ないように見えるが、間接的には大いに関係があるのだ。リンゴをとることと敵兵士を殺傷することについて、私たちの行動を支配する戦いの原則は同じだ。だからこそ、これらをことさらに軍事行動にまで敷衍する必要はない。

1番目の例は次のことを示している。すなわち、私たちは1人で行動しようが、他人と一緒に行動しようが、これら9個の戦いの原則を正しく適用すれば、兵力の節用を達成することができるということ。

2番目の例は、とはいえ私たちは他人の下で直接的に行動するとき、頭脳の働き（mental work）が広い範囲で省略されることを示している。計画が与えられ、実行は自ら得た情報にもとづくが、その方向は厳格に制限される。

将軍には方向の原則、集中の原則、分配の原則、および決断の原則がすべて重要である。

そして彼の部下には機動の原則、攻勢行動の原則、警戒の原則、および忍耐の原則が重要だ。

奇襲の原則は、将軍と部下の双方に共通する。

## ✱ 説明②

### 『The Foundations of the Science of War』第11章より

フラーは1924年版『野外要務令』に採用された「協同（co-operation）の原則」をスクラップして、『戦争の科学の基礎』で新規に「忍耐（endurance）の原則」と「決断（determination）の原則」を採り入れている。『戦争の科学の基礎』に述べられている協同（co-operation）に関するフラーの見解を聞いてみよう。

機動の原則は、残る8個の戦いの原則の協同の結果である。協同とは、まさにその言葉のとおり、兵力の節用を実体として表現したものだ。もし協同が完璧であれば兵力の節用を全面的に達成でき、たとえ完璧ではないとしても、完璧に近づくほど私たちの行動はより正しくなるであろう。

戦闘の例を取り上げてみよう。

計画や組織が、その行動、考え方、あるいはその一部が協同にふさわしくなかった、あるいはふさわしくないことを見つけるのは容易だ。そして、この評価のプロセスを通じて重大な事実が発見でき、それが失敗の原因であり成功の要因である。

学生諸官に協同という目に見えない作用を理解してもらうために、1つの具体的な例を示そう。それは時計だ。

時計のふたを開けて内部をのぞくと、小さなバネが小刻みに動き、大きなバネは動いていないように見える。だが、実際にはゆっくりと巻き戻っているのだ。すばやく動いている歯車も

時計は、主ゼンマイ、ひげゼンマイ、各種歯車がそれぞれの役割に応じて完璧に機能しなければ、本来の目的である正確な時間を刻むことができない

あり、ゆっくりと動いている歯車もある。

　時計には3個の主要な部品がある。主ゼンマイは蓄積された力を解放し、ひげゼンマイは力の放出を統制する。そして歯車システムが力を配分する。この点に、私たちは、集中、方向、および兵力の配分という緊密な類似性を見ることができる。

　機械の全体機構は、文字盤上の針を動かすために一斉に作動し、その結果、私たちは時間を読むことができる。高性能時計は1年間で数秒以上遅れたり進んだりすることはない。その力の節用はほとんど完璧だ。さらにいえば、時計は人が人を手助けするためにつくったものだ。

　軍隊にあてはめるならば、私たちは、時計のように経済的な軍隊機構を建設することはできないが、「おおむね良好」程度（fair degree）の行動の統一が得られるように、その構成部分

を組み合わせることは最低限できる。このことが協同であり、すなわち共通の目標に向かってともに働くことである。

時計でいえば時間の表示がこれに相当する。時計の命は協同が唯一無二で、時計の針から正しい時間が読めなければ、完璧な協同といえども何の役にも立たない。たとえ時計が時間を刻むとしても、1時間に10分進めばその表示は狂い、時計を読む人の目標は達成できなくなる。

このことを軍事用語に転換してみよう。

正確な時間の表示は目的、それを正しく刻むことが目標、そして時計の針が計画である。構成部品の働き自体が戦争の要素で、それらの働きにより目的が達成できる。そしてこの働きは圧力、抵抗およびその合力を基礎とする機械的な原則に支配される。すなわち、戦争の要素も同じような基礎に立脚する「戦いの原則」に支配されるということだ。

## ✲ 説明③

### 『Lectures on F.S.R. Ⅱ』第1章より

私たちは、今や、「戦いの原則」に多くの討議を費やしてきた。それは「メソポタミア」のごとき神秘的な言葉(典型的なありがたい言葉という意味)ではなく、単に常識的な考え方にすぎない。原則とは観察された事実の帰納的結論以上のものではない。

1例がある。平均海面では、卵をハードにボイルする時間は8分間というのが原則だ。しかしながら、エベレストの頂上で卵をボイルすると1時間かかり、しかもまだ柔らかいかもしれない。ということは、この原則には意味がないのか？

そうではなく、原則の正しい適応は環境次第で、このケースでは大気圧によって適応が変わるということなのだ。

このことは、野外要務令が「戦いの原則」を「常識の原則」と称するゆえんである。常識とは環境に適応した行為をいい、卵の場合は大気圧という環境に適応することをいう。

　いわゆる攻勢的行動を環境へ適応する場合は、人的要素というものはその量を一定にし難く、それを測定することは、はるかに困難である。この人的要素が最も顕著に現れるのはどこか？

　それは対抗する2人の指揮官の頭の中である。

　両者の目標は作戦計画の核心として具現化され、両指揮官がそれぞれの目標の維持に努めることは明らかだ。なぜならば、目標の変更は計画の変更であり、計画の変更は部隊の再配置となり、その結果、摩擦が生じて時間をロスするからだ。

　目標の維持は、部隊の秩序と組織を安定させ、また兵員の士気と自信を堅固にする。戦争においては、目標の変更以上に動転するものはない。

　あらゆる戦争には3つの統制すべき目的がある。

　第1は政治的または大戦略目的だ。敵国市民の意志を破壊し、その政府をして戦争放棄を強要すること。

　第2は戦略目的だ。敵の計画を破壊し、作戦構想や部隊の配置を変更させ、敵軍を精神的、物理的に無秩序状態に陥れること。

　第3は戦術目的だ。敵部隊を破壊して戦略目的を達成し、それを通じて政治的目的を達成すること。

　いずれの場合も、攻撃すべき目標はその後方にある。

　政府の背後に国民の意志があり、軍隊の背後に将軍の計画がある。後方は軍隊の攻撃に対する最も脆弱な部位であり、個々の兵士の背中や背後もまた同様だ。

　戦術的には、後方は攻撃の決定的な場所となる。通常、後方地域は第一線部隊に防護され、直接攻撃されることはない。こ

の場合の次善の攻撃場所は敵の側面である。

　攻撃する決定的な時期は、敵が攻撃されることを予期していないとき、あるいは攻撃された場合にその地域を防護できないときだ。同時に、陽攻（feint）や威嚇（bluff）により敵の注意をそらし、決定的な攻撃以前に、敵をその地域から追い出すか予備隊を消耗させることがすべて重要となる。

　したがって、戦闘時における主要考慮事項は以下の4点となる。

---

1. 敵の注意をそらすこと、すなわち敵を当惑させること。
2. 敵を拘束すること、すなわち敵の機動力を奪うこと。
3. 機動すること、すなわち我が機動力を最大限発揮させること。
4. 敵の想定外の時期・場所を撃つこと、すなわち圧倒的な兵力で、かつ我の選んだ場所で。

---

　すなわち拘束、機動、打撃こそが、私が繰り返し言及している3つの戦術的概念（tactical conception）なのだ。さて、私は「戦いの原則」に関して、間接的ではあるがすでに述べてきた。私は3つの戦術的要素 ── 防護、移動および攻撃力すなわち護ること、機動することおよび打撃すること ── を列挙した。これらから3つの原則、すなわち警戒の原則、機動の原則および攻勢的行動の原則が得られる。

　警戒は移動する力を防護し維持する。敵には我を決して拘束させない。拘束されるのは王手をかけられるのと同じで、チェスではしばしば王手詰みとなる。機動を安全にすることは戦略の根底である。

　繰り返すが、警戒は攻撃力を防護し維持し、それは攻勢的行動において発揮される。攻勢的行動が強力に防護されると、そ

の効果はより高まり、それゆえに、防護された攻勢行動は戦術の根底であり、そのねらいは究極の目的である勝利を獲得するまで機動を維持することにある。

これら3つの戦いの原則は、あたかも機械の部品が一体となって作動するごとく、統合されなければならない。このことは死活的に重要な事実であり、この3つの原則に4番目、すなわち協同の原則が加わる。

既述のように、私は、敵の注意をそらすこと、敵を当惑させること、敵の想定外の時期・場所を撃つこと、敵に何らかの対応の準備をさせないこと、および打撃したい場所に圧倒的な兵力を使用することを述べた。これらの戦術的概念から、さらに2つの原則、すなわち奇襲の原則と集中の原則が得られる。

諸官は、敵に目を閉じさせるか、または驚いて目を見張らせることで、敵を奇襲できるだろう。前者は敵に何も予期させないこと、後者は何も対応できないようにすること。前者は新規な大胆不敵な行為で、後者は敵を拘束して動けないようにすること。

兵力の集中はかならずしも戦場における数的優越を意味せず、場所的な優越あるいは攻撃地点における兵器の威力の優越もある。奇襲と同時に行われたとき、兵力の集中は最適となる。

なぜならば、奇襲効果が大きいほど、兵員や武器の力をより経済的に使用できるからだ。このことから最後の原則、すなわち兵力の節用の原則が得られる。

兵力の節用は部隊を最適に使用することに尽き、それは防護部隊、攻撃部隊および予備隊の正しい配分次第だ。奇襲が（兵力を）節用し、集中が（兵力を）節用し、警戒が（兵力を）節用し、そしてそれらにより攻勢的行動が成功し、また機動力が維持できる。そのねらいとするところは、単に戦勝を獲得するだけで

**■ 陸上自衛隊幹部学校学生の現地戦術**
現地の地形を利用して、攻撃・防御などの戦術教育を具体的に行う。明治初期にドイツから招いたメッケル少佐が導入した教育方式を、今日の陸上自衛隊も踏襲している

はなく、可能なかぎりすみやかに戦争を成功裏に終結させることだ。

個々の戦闘は、この出口に向かう戦争という「川」を渡る明確な「飛び石(stepping-stone)」でなければならない。

戦闘には部隊間の協同があるように、戦闘と戦闘の間にも協同がなければならない。ゆえに、兵力の節用は上等な鏝の働きにたとえることができる。それは他のすべての原則の根底から生じた核となる原則で、あらゆる原則をきれいに均して平らにする。

## ✻ 説明④

『Lectures on F.S.R. Ⅲ』第1章より

今日の変革とは、戦いの原則を状況の変化に応じて適用する

ことである。変化の主要なものは2つある。それは運動と防護、すなわち速度と装甲である。

速度は馬の毎時20マイル（32km/h）のギャロップから飛行機の毎時200マイル（320km/h）の飛行へと増大。人間は毎時4マイル（6.5km/h）で歩くが、自動車は毎時40マイル（65km/h）、戦車は毎時20マイル（32km/h）で走る。

装甲はそれが普通実包であれ徹甲弾（じっぽう）であれ、小銃の弾丸を完璧に遮蔽する。

戦争には、これら以外にも数え切れないほどの状況の変化があるが、この2つはとくに際立っている。それゆえに大胆な変革を必要とするのだ。

戦いの原則の適用は、敵の編成・装備次第である。私たちが直面しているのは次の3つである。すなわち一方が機械化されていない、双方とも部分的に機械化されている、双方とも完全に機械化されている、という3つのケースである。

敵が非機械化部隊であり、かつ地形が機械化部隊の行動に適している場合は、機械化部隊は「戦いの原則」のすべてをよりすばやく適用できる（第1のケース）。

この場合、目標の維持は、より容易となる。なぜならば、機動と警戒は集中、奇襲、攻勢的行動を可能にするから。兵力の節用と協同は、装甲で防護された攻撃部隊に対する防御側の脆弱性ゆえに、さらにより容易に獲得できる。このような敵に対する任務達成の容易さは、過去の戦史が証明してくれる。

諸官たちは、1494年にイタリアに侵入したフランス国王シャルル8世を見習うがよい。マキャベリは、シャルル8世はチョーク1本でイタリアを征服した、と言っている。

彼はいったい何が言いたかったのだろうか？

シャルル8世は敵の城砦、要塞都市、野戦軍のいずれもが抵抗できないほどの強力な砲兵（真鍮(しんちゅう)の大砲を装備）を持っていた。シャルル8世は地図の上で行きたい場所にチョークで印をつけ、そしてその場所へ行ったのだ。

機械化された軍隊の非機械化軍隊に対する作戦は、シャルル8世の作戦とまったく同じようなものである。それは近代的な戦艦が19世紀初期の3層の甲板のある艦と戦うようなものだ。

\*　　　\*　　　\*

双方とも部分的に機械化されている場合の主眼となる「戦いの原則」は兵力の節用だ（第2のケース）。

その適用は適切な部隊配分次第である。

非機械化部隊には敵機械化部隊の突破または包囲の脅威がある地域の防護を期待するが、機械化部隊は機動がより発揮できる地域に投入すべきである。この際、非機械化部隊と離隔していても、連携を保って、機動のための戦術根拠地として活用すべきである。機械化されている部隊は、敵の翼側または背後にその攻撃力を集中発揮して奇襲の達成を目指すべきだ。

\*　　　\*　　　\*

双方が完全に機械化されている場合、目標の維持を念頭に置きながら、奇襲、機動、集中が主眼となる「戦いの原則」である（第3のケース）。

このことにより、警戒、協同が発揮され、結果的に兵力の節用になる。双方とも機動が同じレベルであれば、奇襲がきわめて重要となり、それゆえに、空中の支配が不可欠の要素となる。

# ナポレオンの箴言に学ぶ⑤

> 最高司令官は、自らの経験と天稟(てんぴん)の資質を恃(たの)んで進退すべし。戦術、部隊運用、軍人の義務、工兵または砲兵士官に必要な知識などは典範類から学べる。しかしながら、戦略は自らの経験と偉大な将帥(しょうすい)が成し遂げた会戦からしか学べない。——第77箴言
>
> **出典**：William E.Cairnes／編『NAPOLEON'S MILITARY MAXIMS』

軍事的天才といわれたナポレオンが師と仰いだのは、アレクサンドロス大王(マケドニア)、ハンニバル(カルタゴの将軍)、カエサル(ローマ帝国)、グスタフ・アドルフ(スウェーデン王)、トゥレンヌ(ブルボン朝フランスの元帥)、フリードリヒ大王(プロイセン)など、**有史以来の偉大な将帥**(The Great Captains)でした。

## 《 主 な 参 考 文 献 》

J.F.C.Fuller/著『Tanks in the Great War』(1920年)
J.F.C.Fuller/著『The Foundations of the Science of War』(1926年)
J.F.C.Fuller/著『Lectures on F.S.R.Ⅲ.』(1932年)
J.F.C.Fuller/著『Memoirs of an Unconventional Soldier』(1936年)
J.F.C.Fuller/著『Armored Warfare』(1943年)
J.F.C.Fuller/著『The Conduct of War 1789-1961』(1961年)
Brian Holden Reid/著『J.F.C.Fuller:Military Thinker』(1987年)
Stephen Hart/著『ATLAS of TANK WARFARE』(2012年)
Richard Ogorkiewicz/著『TANKS 100YEARS of EVOLUTION』(2015年)
J.F.C.フラー/著、中村好寿/訳『フラー制限戦争指導論』(原書房、1975年)
ケネス・マクセイ/著、加登川幸太郎/訳『ドイツ装甲師団とグデーリアン』(主文社、1977年)
加登川幸太郎/著『戦車』(主文社、1977年)
ダビッド・エシェル/著、林 憲三/訳『イスラエル地上軍』(原書房、1991年)
マイケル・B.オレン/著、滝川義人/訳『第三次中東戦争全史』(原書房、2012年)
偕行社特報『千九百三十六年発布　赤軍野外教令』(1937年)
米海兵隊ドクトリン・シリーズ1『Warfighting』(1997年)
F.N.シューベルト+T.L.クラウス/編、滝川義人/訳『湾岸戦争　砂漠の嵐作戦』(東洋書林、1998年)
米陸軍教義参考書ADRP3-0『Operations』(2016年)
各機関ウェブサイトなどの公開資料

木元寛明/著『陸自教範「野外令」が教える戦場の方程式』(光人社、2011年)
木元寛明/著『戦術学入門』(光人社、2016年)
木元寛明/著『戦車の戦う技術』(SBクリエイティブ、2016年)
木元寛明/著『戦術の本質』(SBクリエイティブ、2017年)

# 索　引

## 数・英

| | |
|---|---|
| 100時間戦争 | 157 |
| 6日戦争 | 141、144、146 |
| ABCT | 160、161 |
| DIVAD | 152、153 |
| IBCT | 160 |
| KFOR | 158 |
| LIC | 158 |
| MLRS | 152 |
| SBCT | 83、158〜161 |
| TRADOC | 150〜152、154、157、163 |
| Warfighting | 162〜165 |

## あ

| | |
|---|---|
| アミアンの戦い | 20〜22、31 |
| 暗黒の日 | 30 |
| 一翼攻撃 | 68、69 |
| インパール作戦 | 76 |
| 運動エネルギー | 106 |
| 遠距離行動戦車 | 121、133、134 |
| 延翼競争 | 15 |
| 応急防御地域 | 72 |
| 大釜 | 72、73、86、117 |

## か

| | |
|---|---|
| 外線作戦 | 76 |
| カンブレーの戦い | 12、28、31、52、171 |
| 機動遊撃部隊 | 69、78 |
| 空中指揮 | 24、25、98 |
| クラウゼヴィッツ | 62 |
| 攻撃的対戦車火器 | 80 |
| 攻防一体 | 72、78、117、164 |
| 後方業務 | 82 |
| 後方連絡線 | 68、74、87、89、113、117、165 |
| 後方連絡地域 | 90 |
| コンバインド・アームズ | 120、146〜148、160、161 |

## さ

| | |
|---|---|
| 輜重兵（しちょうへい） | 50 |
| 縦深突破理論 | 118〜122、124、150 |
| 常在戦場 | 83 |
| 乗馬哨戒線 | 51 |
| 身体破壊戦 | 43 |
| 頭脳破壊戦 | 5、43 |
| 頭脳麻痺戦 | 16 |
| 制限戦争 | 4、62、63、126 |
| 戦果拡張部隊 | 36、37 |
| 戦車ウイング | 80、81 |
| 戦車無用論 | 146、147 |
| 前進根拠地 | 72 |
| 前進戦術根拠地 | 74、86 |
| 戦闘研究所 | 163 |
| 戦闘力集中競争 | 138 |
| 全般作戦計画 | 56 |
| 戦略的麻痺化 | 10、14、20、30、33、108、154、157 |
| 戦力転換点 | 164、165 |
| ソンムの戦い | 28、31 |

## た

| | |
|---|---|
| 対戦車戦闘 | 38、39 |

## な

| | |
|---|---|
| 内線作戦 | 106、142、145、146 |
| ナポレオン書簡集 | 169 |

## は

| | |
|---|---|
| 輓馬編制（ばんばへんせい） | 51 |
| 非戦車ウイング | 80、81 |
| ブリックリーク | 112 |
| 防護的対戦車火器 | 80 |
| 歩兵支援戦車 | 121、133 |
| 歩兵直協戦車 | 121 |

## ま

| | |
|---|---|
| モーター・ゲリラ | 67、78 |

## や

| | |
|---|---|
| 遊兵 | 138 |

## ら

| | |
|---|---|
| 両翼攻撃 | 68、69 |
| 冷戦 | 3、4、62、140、156、158 |
| 路外機動段列 | 82、90、91 |

## わ

| | |
|---|---|
| ワゴン要塞 | 74、75 |

## サイエンス・アイ新書 発刊のことば

# 「科学の世紀」の羅針盤

　20世紀に生まれた広域ネットワークとコンピュータサイエンスによって、科学技術は目を見張るほど発展し、高度情報化社会が訪れました。いまや科学は私たちの暮らしに身近なものとなり、それなくしては成り立たないほど強い影響力を持っているといえるでしょう。

　『サイエンス・アイ新書』は、この「科学の世紀」と呼ぶにふさわしい21世紀の羅針盤を目指して創刊しました。情報通信と科学分野における革新的な発明や発見を誰にでも理解できるように、基本の原理や仕組みのところから図解を交えてわかりやすく解説します。科学技術に関心のある高校生や大学生、社会人にとって、サイエンス・アイ新書は科学的な視点で物事をとらえる機会になるだけでなく、論理的な思考法を学ぶ機会にもなることでしょう。もちろん、宇宙の歴史から生物の遺伝子の働きまで、複雑な自然科学の謎も単純な法則で明快に理解できるようになります。

　一般教養を高めることはもちろん、科学の世界へ飛び立つためのガイドとしてサイエンス・アイ新書シリーズを役立てていただければ、それに勝る喜びはありません。21世紀を賢く生きるための科学の力をサイエンス・アイ新書で培っていただけると信じています。

2006年10月

※サイエンス・アイ(Science i)は、21世紀の科学を支える情報(Information)、知識(Intelligence)、革新(Innovation)を表現する「 i 」からネーミングされています。

≡ SB Creative

サイエンス・アイ新書
SIS-391

http://sciencei.sbcr.jp/

# 機動の理論
## 勝ち目をとことん追求する柔軟な思考

2017年11月25日　初版第1刷発行

著　者　木元寛明
発行者　小川　淳
発行所　SBクリエイティブ株式会社
　　　　〒106-0032　東京都港区六本木2-4-5
　　　　営業：03(5549)1201
装丁・組版　近藤久博（近藤企画）
印刷・製本　株式会社 シナノ パブリッシング プレス

乱丁・落丁本が万が一ございましたら、小社営業部まで着払いにてご送付ください。送料小社負担にてお取り替え致します。**本書の内容の一部あるいは全部を無断で複写（コピー）することは、かたくお断りいたします。**本書の内容に関するご質問等は、小社科学書籍編集部まで必ず書面にてご連絡いただきますようお願い申し上げます。

©木元寛明 2017　Printed in Japan　ISBN 978-4-7973-9140-4

SB Creative